全面推进"数字化、立体化"教材建设
与时俱进 打造有影响力的品牌精品系列教材
促进新时期人才培养

高等院校艺术学门类"十四五"规划教材·全媒体系列

室内照明
与陈设设计

Shinei Zhaoming yu Chenshe Sheji

主　编　游　娟　喻　蓉　曹可阳　薛　宇
副主编　应　嫡

华中科技大学出版社
http://www.hustp.com
中国·武汉

内 容 简 介

本书的主要内容为室内照明与室内陈设的设计原则及具体的设计方法和步骤。首先概述室内照明与室内陈设设计,包括室内照明与陈设设计的目的、作用、特点及分类等理论知识,再通过室内陈设设计的风格与流派、室内陈设设计元素、室内陈设设计色彩搭配、不同功能空间室内陈设的布置方法等多方面的内容介绍,结合室内陈设,概述室内照明设计的照明方式、布局形式和灯具选择等,从而构成本书的全部内容。与国内外同类书籍相比,本书是为数不多的将室内照明与室内陈设的设计知识结合在一起进行叙述的书籍之一。同时,本书涵盖的内容十分全面,讲授的设计方法非常实用、具体,可作为室内陈设设计专业及相关行业的综合性较强的教材及实用性较高的工具书。

课程配套数字资源

图书在版编目(CIP)数据

室内照明与陈设设计/游娟等主编.—武汉:华中科技大学出版社,2021.11(2024.12重印)
ISBN 978-7-5680-7660-9

Ⅰ.①室… Ⅱ.①游… Ⅲ.①室内照明-照明设计 ②室内布置-设计 Ⅳ.①TU113.6 ②J525.1

中国版本图书馆 CIP 数据核字(2021)第 218079 号

室内照明与陈设设计 游娟 喻蓉 曹可阳 薛宇 主编
Shinei Zhaoming yu Chenshe Sheji

策划编辑:江 畅
责任编辑:刘姝甜
封面设计:孢 子
责任监印:朱 玢
出版发行:华中科技大学出版社(中国·武汉) 电话:(027)81321913
        武汉市东湖新技术开发区华工科技园   邮编:430223
录 排:武汉创易图文工作室
印 刷:广东虎彩云印刷有限公司
开 本:880 mm×1230 mm 1/16
印 张:9.5
字 数:306 千字
版 次:2024 年 12 月第 1 版第 2 次印刷
定 价:57.00 元

序

    随着互联网技术与各行各业不断深入融合，国家教育行业的数字化变革已形成了一股强劲浪潮。教育的现代化离不开互联网及信息技术，当然，也离不开现代化的教材。从教学的机制和规律来看，教材是教学的重要环节和重要内容，它在系统传授知识和技能、培养和提升综合创新能力上具有巨大的优越性。

    该系列教材是全面推进数字化、立体化教材建设的一部分。届时课件、资源二维码、在线课程建设等也将同步推进，与课程建设配套，与时俱进，旨在打造有影响力的精品系列教材，推动学校学科发展，促进新时期人才培养。同时，该系列教材十分注重培养学生的动手能力，强调教学的实践环节，以顺应国家倡导的"对接社会需求"。该系列教材全面反映了当前教学改革的成果，切实体现了新的教学理念和方法，重点强调了理论与实践相结合、实践教学与素质教育相融合的指导思想。

    该系列教材突显了教师在教学过程中的责任感，强调了利用信息化教学手段快速、高效地促进教师与学生之间的互动，较好地完善了教学的相关环节。希望该系列教材的出版能为广大一线教师的教学提升带来支持和帮助，同时也为中国教育的现代化进程添砖加瓦。

2021 年 1 月 24 日

目录
Contents

Shinei Zhaoming yu Chenshe Sheji

第一章

室内陈设设计概论

> **教学目标**

　　注重室内陈设设计的基础概念,区分室内设计与陈设设计,对陈设设计的目的和作用进行讲解,启发学生对陈设设计进行独立思考,培养独立思考、学习的能力。

　　帮助学生在理解陈设设计基础概念和作用的基础上,深入了解陈设设计的分类与设计原则,尽可能地帮助学生打好专业理论基础,树立正确的室内陈设设计观念。

> **教学难点**

　　注重室内设计与陈设设计的区别,以及室内陈设设计的作用,让学生在已有方法的基础上深刻掌握室内陈设设计所要表达的文化与精神内涵,了解塑造室内环境形象、表达室内气氛、创造环境点睛之处的重要性。

　　让学生在已有的基础上深刻掌握陈设设计的分类,融会贯通,掌握进行室内陈设设计时要注意的设计原则,明确设计要以整体为重,并将所学应用于实践。

第一节
室内陈设设计的概念

一、室内陈设设计的定义

　　我国从改革开放以来,甚至更早之前,就出现了对室内陈设的审美需求。随着社会经济的不断发展和审美水平的提高,人们对室内设计的要求也越来越高。室内陈设设计是一项综合性的系统设计,也是一个研究建筑内部空间艺术效果与舒适度的专业。陈设设计在尊重空间的基础上,着重运用设计美的基本原则对空间中的各种设施、物品进行合理安排,辅以灯光与色彩的变化,强化不同空间的功能特性,并营造出与其相得益彰的室内氛围。

　　"陈设",意为陈列、摆设。陈设品的范围十分广泛,内容非常丰富,形式多种多样。从广义上看,室内空间设计中,一切实用或非实用的可供观赏和陈列的物品,都可以作为室内陈设品。从狭义上看,陈设品是指用来美化或强化环境视觉效果的、具有观赏价值或文化意义的物品。一件物品只有当其具有观赏价值、文化意义,又具备被摆设的条件时,才能被称为陈设品。(见图1-1和图1-2)

　　"陈设"比较通用的英语翻译为 display、furnishings 和 decoration。陈设也较多地与展览、陈列、摆放等概念联系在一起,都是表达排列、摆放、安排、布置、展览等动作或表达用以摆放、陈列、供人赏玩的物品。但实际上,不能将陈设简单理解为设计家具、摆放绘画或其他工艺品等。陈设设计是一项综合性的系统设计,在保证空间功能的前提下,着重运用形式美的基本法则对空间中的各种设施、物品进行合理的安排和配置,辅以材质与色彩的搭配。(见图1-3和图1-4)

图 1-1　具有实用价值的灯具陈设　　　　　　　　图 1-2　具有观赏价值的室内陈设

图 1-3　色彩配置合理的陈设设计　　　　　　　　图 1-4　材质配置合理的陈设设计

二、室内设计与陈设设计的区别

　　室内设计是根据建筑物内部的空间、功能、流线、色彩及陈设进行再设计,具体地说,是在建筑所提供的围合空间中,对建筑空间进行二次设计,规划出满足日常需求的功能空间,并完成各功能空间与其他空间之间的联系与沟通,设计出适合人们居住和生活的室内环境。

　　室内陈设设计是根据建筑内部空间的使用性质和所处环境,运用物质材料、工艺技术和艺术手段创造出功能合理、舒适美观、符合人的生理和心理需求的内部空间,如图 1-5 所示。室内空间设计师在设计室内空间时,要通过室内可移动物品塑造搭配和谐、舒适、富有艺术氛围的理想环境。

图 1-5　舒适美观的室内陈设设计

　　随着时代的不断发展变化,陈设设计始终以一定的精神文化和思想内涵为着力点,在室内设计中具有无法被代替的地位,成为室内设计中不可分割的重要组成部分。室内设计与陈设设计的不同之处在于,室内设计主要是提出对室内环境的总体解决方案并解决室内设计与室外环境相协调的问题,而陈设设计只是在室内设计的整体框架下,做进一步深入、细致的设计,使室内环境呈现出精神内涵和文化品位。

　　所以,可以把室内设计和陈设设计比喻成大树和枝叶的关系,只要有室内设计,就存在陈设设计,陈设设计寓于室内设计之中,相辅相成,甚至在某些特殊情况下,陈设设计参与室内设计的元素较多,形成以室内陈设为主的室内设计,此时,陈设设计可等同于室内设计。就当代中国建筑环境而言,建筑形态受框架式结构和框剪式结构的广泛应用的影响而呈现高大化的趋势,高层建筑缓解了城市居民众多与建筑用地有限之间的矛盾,并使城市建筑面貌协调统一。但同时也引发了一些问题:同一建筑容纳有限户型,同一户型房屋的内部空间布局基本一致,甚至完全一致,且可变性受建筑结构或管线布局等设施条件的制约,在室内设计时对室内功能和空间的调整非常有限。高层建筑对空间利用的最大化和建筑外观的规整化,使得建筑物室内物理环境相对恶劣,特别是光环境和空气环境。建筑物为了最大化地利用建筑用地,朝向经常变成被忽视的因素,一梯多户让室内的空气环境雪上加霜。某些建筑物内的某些空间即使在白天也必须采用人工照明。现实迫使室内设计师只能对室内空间和功能进行微调(或直接放弃调整),对室内物理环境的设计同样无能为力。这种情况下,室内设计的基本内容中只剩下室内陈设一项可供设计。因此,就目前中国的现实情况来说,陈设设计已基本等同于室内设计。卧室陈设设计案例如图 1-6 所示。

图 1-6　卧室陈设设计案例

三、室内陈设设计的目的及作用

1. 室内陈设设计的目的

室内陈设设计的目的可以概括为两个方面,一方面是物质层面,另一方面是精神层面。从物质层面上分析,室内陈设设计主要是以能使人生活的环境达到健康、安全、舒适、便利水平的功能需求为目的,设计时应考虑到陈设品的实用性和经济性,根据投资者的经济能力做出合情合理的设计预算。从精神层面上分析,室内陈设设计的目的,也是核心,是以精神和兴趣为出发点表达生活的精神内涵。室内陈设设计必须充分发挥艺术性和个性,凸显室内视觉环境的美学法则。艺术性及个性的塑造也要建立在投资者本人的性格、兴趣、学识基础之上,通过室内陈设的不同形式,反映投资者与众不同的空间情趣和格调,满足表现其个体或群体的精神内涵的要求。

2. 室内陈设设计的作用

(1)烘托室内气氛,创造环境意境。

气氛即内部空间环境给人的总体印象,如热烈欢快的喜庆氛围,轻松亲切的柔和舒适氛围,深沉庄严的沉重氛围,清新文艺的高雅气氛等。意境则是内部环境所需要体现的某种思想和主题。与气氛相比较,意境不仅能被人感受,还能引人联想、给人启迪,是一种精神世界的享受。

人民大会堂的顶部灯具陈设如图 1-7 所示,以五角星灯具为中心,围绕着五角星灯具布置"满天星",使人们自然而然地联想到"在党中央的领导下全国人民大团结"的主题,烘托出一种庄严的气氛。会场盆景、字画和传统样式的家具相组合,创造出一种古朴典雅的艺术环境气氛。地毯和窗帘等织物的运用使天花板略高带来的空旷、孤寂感得到缓解,营造出温馨的气氛。

(2)创造二次空间,丰富空间层次。

由墙面、地面、顶面围合的空间称为一次空间,由于其特性,一般情况下很难改变其形状,除非进行改

图 1-7　人民大会堂的顶部灯具陈设

建，但改建是一项费时、费力、费钱的工程。利用室内陈设物分隔空间是首选的改变空间形状的好办法，我们把这种在一次空间内划分出的可变空间称为二次空间。在室内设计中利用家具、地毯、绿化、水体等陈设创造出的二次空间不仅能使空间的使用功能更趋合理，更能为人所用，使室内空间更富层次感。例如，我们在设计办公室的空间时，不仅要从实际情况出发，合理安排座位，还要合理地分隔、组织空间，从而实现不同的用途。比较大的办公室既作为一个整体存在，同时又是由许多个体构成的。我们可以利用办公桌椅与屏风组织一些小型工作单元，在适当的地方配以植物装饰，既合理利用了空间，又丰富了空间。利用地毯可以创造象征性的空间，也称"自发空间"。在同一室内对地面进行设计（有无地毯或地毯质地、色彩不同），地面上方空间便从视觉上和心理上进行了划分，形成了领域感。比如宾馆、饭店的一层门厅，往往用地毯划分区域，用沙发分隔出小空间供人们休息、会客，而未铺设地毯的地面，往往作为流通的空间。豪华的总统客房，在会客的环境区域，铺上精致的手工编织地毯，除了起到划分空间的作用，同时也形成室内的重点部分。（见图 1-8 和图 1-9）

图 1-8　会客空间陈设

图 1-9　划分空间的陈设设计

(3)加强并赋予空间含义，强化室内环境风格。

一般的室内空间应达到舒适美观的效果，而有特殊要求的空间则应具有一定的内涵，如纪念性建筑室内空间、传统建筑空间等。如重庆"中美合作所"展览馆烈士墓地下展厅，大厅呈圆形，周围墙上是描绘烈士受尽折磨而英勇不屈的大型壁画，圆厅中央顶部有一圆形天窗，光线奔泻而下，照在一副悬挂着的手铐上，使参观者为之震撼。在这里，手铐加强了空间的深刻含义，起到了教育后代的作用。

陈设艺术的历史，是人类文化发展的缩影。陈设艺术反映了人们由愚昧到文明、由茹毛饮血到现代化的生活方式。在漫长的历史进程中，不同时期的文化赋予了陈设艺术不同的内容，也造就了陈设艺术多姿多彩的艺术特性。陈设品的合理选择对室内环境风格起着强化的作用，因为陈设品本身的造型、色彩、图案、质感均具有一定的风格特征，所以，它对室内环境的风格会进一步加强。例如，图 1-10 和图 1-11 中咖啡厅的色彩偏向莫兰迪色系，具有鲜明的特色，让来此消费的人印象深刻。

图 1-10 莫兰迪色系咖啡厅陈设(一)

图 1-11 莫兰迪色系咖啡厅陈设(二)

(4)张扬主题或个性。

许多私人住宅都具有强烈的个性，其中软装是表现个性的关键因素，一些情感、认知、荣誉都可以通过具体的陈设物来显现。在做私人住宅陈设设计时，设计师要对业主的喜好进行全面了解并且罗列出其已有的收藏、具有纪念意义的物品等，就是为了展现其个性。和平饭店的沙逊套房是沙逊当年的家，现在作为总统套房，除了进门是沙逊夫妇画像(见图 1-12)，室内的陈设物也是按历史资料记载进行配置的。

(5)调整室内色彩关系，柔化空间。

随着现代科技的发展，城市钢筋混凝土建筑群耸立，大片的玻璃幕墙、光滑的金属材料等构成了冷硬、沉闷的

图 1-12 沙逊夫妇画像

空间,使人愈发觉得不能喘息,人们企盼悠闲的自然境界,强烈寻求个性的舒展。家具、织物、植物等陈设品的介入,无疑使空间充满了柔和与生机、亲切和活力。

　　人们在观察空间时会自然地把眼光放在色彩占较大面积的陈设物上,陈设物的色彩既作为主体色彩而存在,又作为点缀色彩。室内环境的色彩有很大一部分是由陈设物决定的。色彩可以说是室内环境设计的灵魂,室内环境色彩、色系对室内空间的舒适度、环境氛围和使用效率都有较大影响。不同的色彩可以引起不同的心理感受,好的色彩环境就是这些感觉的理想组合。(见图1-13)

图 1-13　点缀色彩陈设设计

　　室内陈设品的色彩关系也要遵循"以人为本"的设计原则,设计时应注重与自然的结合,植物作为自然的一部分被大量运用在室内空间设计中,室内的绿化不仅能改善室内环境、气候,同时也是设计师柔化空间、增添空间情趣的一种手段。

　　(6)体现地域文化,反映民族特色。

　　一些国际性的设计公司在承揽世界各地的室内设计项目时,经常与当地的艺术家共同完成后期的陈设设计,就是为了很好地反映所在地的地域文化。比如,上海一家酒店公共区域有四个电梯厅,通过四幅利用上海传统工艺制作的磨漆画表现春风、夏花、秋叶、冬雪,以反映四季分明的地域气候特点。除此之外,无论什么样的陈设都应体现一定的室内艺术风格。

　　民族一般指的是具有共同的地域环境、生活方式、语言、风俗习惯及心理素质的共同体。各族人民都有本民族的精神、性格、气质和审美思想等。我们中华民族也具有自己的文化传统和艺术风格,相关陈设设计如图1-14所示。同时,各族人民的心理特征与习惯、爱好等也有所差异。这一点在陈设品中应予以足够的重视。例如:由于代代相承的传统和习俗,中华民族大量装饰纹样中都有龙凤题材,寓意"吉祥",如图1-15所示,多应用在传统建筑中;著名的塔尔寺,地处青藏高原,采用悬挂各种幛幔及彩绸天棚、藏毯裹柱等方式来装饰室内空间,一方面对建筑物起到了防风沙的保护作用,另一方面也形成了藏传佛教建筑的独特风格。

图 1-14　民族风陈设设计　　　　　　　图 1-15　龙凤纹样刺绣

第二节
室内陈设设计的分类与设计原则

　　所有的陈设品不外乎有两种功能,即实用与装饰。陈设品作为某种使用价值的物化形式,能够满足人们的日常需求,这种功能为实用。例如:家具具有可让人休息(坐、卧)的功能,或者储藏的功能;灯具具有照明的功能,可提供光亮;器皿具有盛放、储存的功能,可让人使用。若陈设品不具备实际的使用价值,只能带来精神上的愉悦感,则称之为装饰,例如绘画和雕塑作品,可美化室内环境,带给人视觉上的享受,如图 1-16 所示。

　　在实际设计的过程中,陈设品的实用功能和装饰功能往往需要统筹安排,即实用性陈设应具有美观性,成为室内环境的装饰物,而纯粹的装饰性陈设也应与实用性陈设在造型、色彩或材质上取得呼应。两者的顺序应遵循如下规律:实用性是第一顺序,需优先考虑。陈设在满足实用性的基础上再考虑装饰性,不可因装饰性而轻视甚至忽视实用性。

图 1-16　绘画和雕塑陈设

一、室内陈设设计的分类

1. 实用性陈设艺术

所谓的实用性陈设是指以实用功能为主、兼顾美观性的陈设,并不是指只具有实用性而缺乏美观性的陈设。如果陈设只具有实用性而不具有美观性,陈设设计也就没有存在的必要了。在实际设计中,一些在普通人眼中只有实用性的日常用品(如厨房的锅碗瓢盆等),在经过精心的设计和陈列后也可具有强烈的艺术表现力和感染力。在商业环境中,为吸引消费者注意,激发其购买欲望,商家也会对商品进行精益求精的陈设设计,以取得良好的展示效果。当然,在以实用性陈设为主的设计中也会有纯装饰性陈设的参与,用以进一步增强艺术效果。

要强调的是,在实用性陈设的设计中,陈设品的实用性(功能性)永远是第一位的,不可因为强调装饰性而做出有损功能性的设计。

所以,关于实用性陈设的设计原则应是:充分展现陈设品使用功能,在此基础上,利用造型、色彩、材质以及陈设品之间的组合关系诠释其美感,增强室内环境的艺术氛围。当然,在现代陈设设计领域,也有一些实用性陈设,由于造型新颖、色彩亮丽、材质独特,能使人精神愉悦,具有美的视觉效果,甚至被当作艺术品来看待。例如,图 1-17 所示的法国设计师菲利普·斯塔克设计的柠檬榨汁机——外星人榨汁机,造型酷似外星生物,材质则采用表面光洁的不锈钢。其功能是造成如此设计结果的主要原因,这种设计既利于果汁流动和汇聚,又便于清洁,一直被世人作为实用性和装饰性完美融合的代表作来看待。再如图 1-18 和图 1-19 所示的家具,由曲线构成的有机造型充分考虑到人体坐卧的姿态,而由木线条形成的曲面展示了良好的流动性和韵律感,同样是实用性与装饰性完美融合的代表之作。

图 1-17　外星人榨汁机

图 1-18　曲线座椅(一)

图 1-19　曲线座椅(二)

2. 装饰性陈设艺术

装饰性陈设是指以供人欣赏为主的陈设。这类陈设品没有实际的使用价值,却具有较高的艺术价值和强烈的装饰性,或者富于深刻的含义和特殊的纪念性,如各种艺术作品、工艺制品、民俗制品、旅游纪念品、馈赠礼品、个人收藏品等。通常可将其分为四类:

(1)装饰品:通常我们把绘画、雕塑、书法、摄影作品等称为"纯艺术作品",而将景泰蓝、唐三彩、漆器或民间扎染、蜡染、布贴、剪纸等称为"工艺品",它们都具有很高的观赏价值,能丰富视觉效果,装饰和美化室内环境,营造出文化氛围。装饰品的选择应与室内风格相协调,如传统的中国画、书法,其特有的技法、风格及意境表达使其适合陈设在雅致、清静的空间环境中。如图 1-20 所示的水墨装饰画,作为装饰性陈设为休息空间增添了宁静、温馨的气氛,有助于宁神静气。西方的油画往往表达深沉凝重的内涵,适合陈设在新古典风格的空间中。如图 1-21 所示的写实性油画,为典雅的会客空间增添了更多的生命力。西方现代绘画常常表现出轻松自如的特点,可与现代风格的室内装饰相配。由于这种类型的陈设品不具有使用价值,美观性就成为其唯一属性。又如图 1-22 所示的案例中,错落有致的照片,与矩形相框对比的抽象雕像的圆形标靶,甚至只有光线而无实形的投影,都成为现代风格室内装饰品,从而营造出简洁而富于个性的空间环境。

图 1-20　水墨装饰画

图 1-21　写实性油画

(2)纪念品:包括祖先的遗物、亲朋好友的馈赠、获奖证书、奖杯、奖章、婚嫁或生日时赠送的纪念物及外出旅游带回的纪念品等。它们既有纪念意义,又能起到装饰作用。有些茶室、酒吧等,墙上常挂着二十世纪五六十年代的老照片等,使顾客产生对往事的追念和亲切感。在居住空间中也常常能看到富有纪念意义的奖章、奖杯、结婚纪念物、旅游纪念品等,每一件纪念品都珍藏了一个故事、一段回忆,给人怀旧之感。如图1-23所示的婚纱照片墙,唯美浪漫,提醒居室主人时常回味生活的甜蜜。

图 1-22　现代风格室内装饰品案例　　　　　　　　　图 1-23　婚纱照片墙

　　(3)收藏品:最能反映一个人的兴趣、爱好和修养,往往成为寄托主人精神追求的最佳陈设,在室内一般都用博古架或壁龛集中陈列。因个人爱好而珍藏、收集的物品都属于收藏品,如古玩、古钱币、民间器物、邮票、参观旅游的门票,还有花鸟标本、火柴盒等。如图1-24所示的室内环境,瓷器的收藏兼具多种作用,包括分隔空间、美化环境、彰显个性、增添文化内涵等。

图 1-24　收藏品陈设设计

　　(4)观赏动物:一般以鸟类和鱼类为主。鸟的羽毛色彩斑斓,鱼的颜色缤纷绚丽,它们既是人类的伙伴,又是富有灵性和美感的绝佳陈设物。鸟的种类繁多,在茶室、酒家等场所以鹦鹉和金丝雀等居多,鸟儿悦耳的叫声使客人恍如置身大自然的怀抱,身心舒畅。鱼类中常被人工养殖和观赏的有金鱼和热带鱼等,鱼儿游弋的身形给室内环境平添了灵动的气氛。如图 1-25 所示的案例中,鱼缸与电视柜巧妙地融为一体,在保证实用功能的同时,给人们带来赏心悦目的视觉美感和平静安宁的心理暗示。另外,也可将动物模型或标本归入此类,例如,在很多传统欧洲风格和自然风格的室内经常出现鹿头、牛角等陈设品。

图 1-25　鱼缸陈设设计案例

二、室内陈设设计原则

室内空间的特质不同,其设计和表现方法也就不同。有创意的室内陈设让空间生动并富有变化,但必须强调局部与整体的关系。设计要以整体为重,建立人与空间的良性互动关系,这里涉及室内陈设的形态、尺度、色彩、材质等之间的建构关系以及整体风格的把握等诸多方面。

1. 统一的原则

室内陈设布置最广泛遵循的原则就是统一的原则。统一的原则就是利用家具、织物、植物等陈设品组织摆放形成一个整体,营造出自然和谐、雅致的空间氛围。统一的原则可以从色彩、形态、艺术风格等几个方面来运用。

(1)色彩的统一。我们可以在整体室内空间的同一色相中选择不同的明度和纯度,变化形成室内的整体色彩的统一,如图 1-26 和图 1-27 所示。虽然空间中元素很繁杂,但是色调的统一很容易将室内各元素统一在一起。色调统一的室内给人一种平和、安逸的氛围,是室内设计优先选择的色彩系统。我们还可以选择互补色进行设计,也就是将色环中相互对立的两个颜色搭配在一起,使人感受到鲜明强烈的对比,但是仍保持一种平衡的关系,如图 1-28 和图 1-29 所示。补色关系主要是通过色调的冷暖、明暗等因素来实现。补色手法的应用比单一色调的应用更具视觉冲击力。

图 1-26　整体统一的家具陈设(同一色相)

图 1-27　色调统一的家具陈设(同一色相)

图 1-28　互补色的室内陈设设计(一)

图 1-29　互补色的室内陈设设计(二)

　　(2)形态的统一,是指利用大小、长短、粗细、方圆等统一造型的物体形态进行室内陈设品的选择和搭配。运用同一形态的物品可在室内形成某种和谐的氛围,给人的印象深刻,达到室内陈设设计的目的。这种原则主要可运用在小件陈设艺术品的选择上。

　　(3)艺术风格的统一,是指选择统一风格的物品作为空间陈设的对象。艺术风格的统一是我们打造室内风格的重要手段。带有鲜明风格特征的物品本身就加强了空间的风格特征,对于塑造空间的个性和氛围十分重要。比如,选择家具时最好成套定制,或尽量挑选颜色、式样、格调较为一致的,以实现整体艺术风格的统一。(见图 1-30 和图 1-31)

图 1-30　艺术风格统一的陈设设计（一）　　　　图 1-31　艺术风格统一的陈设设计（二）

2. 均衡的原则

均衡的原则是指以某一点为主轴心,实现上下、左右的均衡。在古典设计风格中往往使用陈设品对称的设计原则来谋求空间的均衡之美。现代陈设设计往往在基本对称的基础上进行变化,形成局部不对称,这也是一种审美原则。对称的布局形式反映的效果往往是严肃、稳定、静态的,非对称的布局效果往往是活泼、灵活、动态的,如图 1-32 所示。我们可根据空间的需求来选择布局的形式。

图 1-32　非对称的室内布局

对称布局原则在居室中一般应用在客厅、餐厅、卧室等空间。这是根据功能需求来定的。以餐厅为例,在这类空间中我们使用对称布局的形式便于人们交流,人们可以看到对方,同时可以方便获取餐桌上的菜品,符合就餐的需求。陈设时以餐桌为轴心对称分布,无论是双人位、四人位还是更多位的餐桌都是如此。餐桌上的烛台和插画也是这种原则的体现,在色彩和形式上达到视觉均衡。（见图 1-33）

我们还需注意:对称性的处理虽然能充分满足人的需求,同时也具有一定的图案美感,但要尽量避免让人产生平淡甚至呆板的印象。

图 1-33 餐厅的陈设设计（对称布局）

3. 和谐的原则

世界上的万事万物，尽管形态变化万千，但都按照一定的规律而存在。大到日月运行、小到原子结构，都有各自的规律。爱因斯坦指出，宇宙本身就是和谐的。和谐的狭义解释是：统一与对比两者之间不是乏味单调或杂乱无章的。单独的一种颜色、单独的一根线条无所谓和谐，几种要素具有基本的共同性和融合性才能称之为和谐。和谐的组合也保持部分的差异性，但当差异性表现强烈和显著时，和谐的布局就向对比的格局转化。

从和谐的角度来说，主从关系是空间布置中需要考虑的基本因素之一。在陈设设计中，视觉中心是极其重要的，人的注意范围一定要有一个中心点，这样才能形成主次分明的层次美感，这个视觉中心就是布置上的重点。

明确地表示出主从关系是很正统的布局方法，对某一部分的强调，可打破全局的单调感，使整个居室变得有朝气。但视觉中心有一个就够了，就如客厅的吊灯一盏就够了，如果周围放置几盏不同的灯，就会把整个空间的美感破坏——重点过多就会变成没有重点，"配角"的一切行为都是为了突出"主角"。（见图 1-34）

图 1-34 视觉中心的灯具陈设

Shinei Zhaoming yu Chenshe Sheji

第二章
室内照明设计

> **教学目标**

通过课堂教学、实验教学等环节使学生掌握室内照明设计的基础理论知识和相关专业术语,通过基础理论知识的学习了解室内照明的形式、性质与特征,在理论上拓宽学生思维与视野,在实践上使学生通过室内照明设计的实践练习,掌握室内照明设计方法与步骤,能够独立完成室内照明的综合设计与表达。

> **教学难点**

使学生了解室内照明的不同形式,并能够根据掌握的室内照明设计相关理论知识确定室内空间的照明形式,选择与空间相匹配的灯具类型,理解室内照明的相关专业术语,如光通量、照度、色温等概念,并能区分属性。

> **案例导入**

以下案例中通过室内照明设计把空间具象化,把灯光的温度传递到空间的每一个角落,以治愈系色彩为主要基调,在神秘自然与简约舒适之间寻找平衡点。

用现代的风格设计高品质时尚的空间,从软装结构上营造空间与居住者的联系,将现代之美呈现于不同的维度之中,让空间的本质美从虚无中浮现出来。营造与居住者和鸣的空间情绪,通过细节诠释应有的态度,让空间更纯粹,谱写温润和谐的灵魂栖居乐章。

客厅采用大的落地窗增加采光,同时,照明设计采用轻奢造型质感的主灯,洁白的吊顶上除了装有吊灯外,还在周围安装了小的筒灯,增加了采光性。(见图 2-1)

图 2-1　客厅照明设计

　　餐厅的圆形吊灯清澈透亮,大理石餐桌质感十足,皮革单椅将用餐的舒适度拉满,水墨画作晕染出独特的艺术氛围,再点缀一丛色彩治愈的绿植,表达简单而不失格调的生活状态,让回家的心情更加舒适、自然。(见图 2-2)

图 2-2　餐厅照明设计

　　卧室气质独特,背景墙上的装饰画似黑夜穹苍中的一轮皎皎明月,灼灼生辉,带着些许清冷、脱离世俗的美。空间中各种灯饰金属元素的融入,则微妙地平衡了空间氛围,传递着空间细腻的格调。卧室空间布置的灯具有吊顶中间的吊灯,它作为房间的主光源,能把光均匀地洒到房间的每个角落,不管是在夜晚收拾房间时,还是进门前对房间进行快速浏览时,都是不可或缺的光源。吊灯形式美观,与整个卧室空间设计风格相协调。除此之外,床头设有造型独特的吊灯,起较强装饰点缀作用,灯光较微弱,能营造舒缓宁静的氛围。吊顶周围及飘窗台的位置还布置了筒灯,增加了卧室的采光及照明形式。(见图 2-3)

图 2-3　卧室照明设计

第一节
室内照明的基础知识

　　室内光环境是室内空间环境的重要构成元素。随着室内照明技术的不断发展,设计师不再局限于仅仅采用灯光照亮室内空间的基本要求,而是试图研究使用者对于灯光的承受力以及需求的变化,更加注重利用照明设计营造空间氛围,改变室内空间的光环境。因此,如今室内照明的功能不仅在于照亮空间,同时在于渲染生活空间氛围,弥补室内环境设计中的不足,给人们带来视觉上的舒适和心理上的放松。

　　在进行室内照明设计之前,专业的室内设计师必须理解和掌握一些室内照明相关的专业术语,包括照明的基本单位、照明灯具的种类、照明呈现的方式,等等。

一、光通量

光通量,指光源所发出的光量,单位是流明(lm)。光源所发出的光能是向所有方向辐射的,光通量则指单位时间内由一光源所发射并被人肉眼感知的所有辐射能量的总和,也称为光束。

二、照度

光照强度简称照度,是一种物理术语,指被照面单位面积上所接收可见光的光通量,单位是勒克斯(lx),是用于指示光照的强弱和物体表面积被照明程度的量。以光所照射的物体表面为基准,每单位面积所接收的光通量,代表有多少光可以到达这个地点。1 lx 代表 1 m² 的面积被 1 lm 的光通量照射时的亮度,也就是 1 lx＝1 lm/m²。面积相同的情况下,光源的光通量越大,照度就越高。一般而言,若要求作业环境明亮清晰,照度的要求就会相应更高。

不同光源的照度比较如表 2-1 所示。

表 2-1　不同光源的照度比较

光　　　源	照度/lm
太阳光(直射)	约 10 万
阴天	3 万～7 万
雨天	1 万～3 万
阴暗天色	1 万～2 万
月光	约 0.2
星光	约 0.0003
灯光(办公室)	500～1000

住宅建筑照明标准值如表 2-2 所示。

表 2-2　住宅建筑照明标准值

空　　　间		参 考 平 面	照度标准值/lx	显 色 指 数	照度标准值(老年人)/lx
客厅	一般活动	0.75 m 水平面	100	80	200
	书写、阅读		300*		500*
卧室	一般活动	0.75 m 水平面	75	80	150
	床头、阅读		150*		300*
餐厅		0.75 m 餐桌面	150	80	
厨房	一般活动	0.75 m 水平面	100	80	
	操作台	台面	150*		
卫生间		0.75 m 水平面	100	80	
工作间		0.75 m 水平面	300	80	
电梯前厅		地面	75	60	
走道、楼梯间		地面	50	60	
车库		地面	30	60	

注:* 指混合照明强度。

三、发光强度

发光强度,在光度学中简称光强,单位为坎德拉(cd),表示光源在一定的方向和范围内发出的人眼可感知强弱的光照的物理量,是指光源向某一方向在单位立体角内所发出的光通量,如图 2-4 所示。

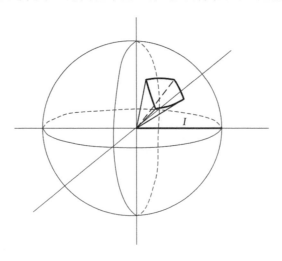

图 2-4　发光强度示意图

四、亮度

亮度是指发光体光强与光源面积之比,定义为该光源的亮度,即单位投影面积上的发光强度。亮度的单位是坎德拉/平方米(cd/m²)。亮度和发光强度不同,这两个概念容易被混淆。亮度也称为明度,表示色彩的明暗程度,即当人看到一个发光体或被照射物体表面发光或反射光时,所实际感受到的明亮度。

五、色温

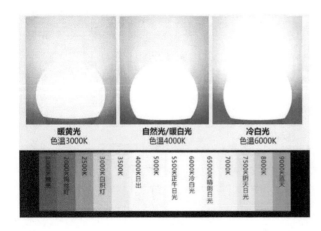

图 2-5　色温变化

色温是指光波在不同能量下,人眼所感受到的颜色变化,用于表示光源光色的尺度,单位为开尔文(K)。色温,即黑体温度,指绝对黑体从绝对零度(-273 ℃)开始加温后所呈现的颜色。黑体在受热后,逐渐由黑变红,转黄,发白,最后发出蓝色光,这一过程就是色温变化的过程,从低色温到高色温就是由红色到黄色到白色,再到蓝色。(见图 2-5)

日常生活中,泛红的朝阳和夕阳色温较低,正午黄白色的太阳光色温较高。一般色温低,会带有橘色,给人温暖的感觉;而色温高的光线会带有白色或蓝色,给人清爽、明亮的感觉。空间中不同灯光的色温值会产生温暖或冷调的光线。

六、眩光

眩光是指视野中由于不适宜的亮度分布,或在空间中存在极端的亮度对比,以致视觉不适和降低物体可见度的视觉条件。在视野中某一局部出现过高的亮度或前后发生过大的亮度变化,可能导致视线被干扰、不舒适甚至视力受损。眩光是引起视觉疲劳的重要原因之一。眩光有三种:

(1)直接眩光:眼睛直视光源(灯具)所产生,光源的亮度大造成刺眼而令人感到不舒服。例如,光源集中且亮度高,所在的位置是视线可以直视到的,则会产生直接眩光。

(2)反射眩光:一般常见的反光,会使影像模糊化,容易造成眼睛疲劳,阅读吃力,甚至进一步造成眼睛酸痛。例如,室外建筑外立面的玻璃幕墙,反射高强度的太阳光,人眼看到后会引起不适。

(3)背景眩光:非由直接光线或反射光线所造成的眩光,一般是由于来自背景环境的光源过多进入眼中,影响到正常视物能力。

▼

第二节
室内照明的照明形式

▲

空间中灯光的照明形式千变万化,主要可分为直接照明和间接照明等,又可根据不同的投射角度与方式,产生不同的功能与照明效果。一个空间可以结合不同的照明方式进行交错设计,从而建构出在天花板、墙面至整体空间的光影面貌,打造不同的室内照明空间环境,营造光线氛围。

一、直接照明

直接照明是指发光体的光线未透过其他介质,直接照射于需要光源的平面上,其中90％～100％的光线到达假定的工作面上。这种照明方式具有强烈的明暗对比,并能造成有趣生动的光影效果,可突出工作面在整个环境中的主导地位;但是由于亮度较高,应防止眩光的产生。(见图 2-6)

二、半直接照明

半直接照明是指发光体未经过其他介质,让大多数光线直接照射于需要光源的平面上,60％～90％的光线集中射向工作面,10％～40％的光线又经半透明灯罩扩散而向上漫射,其光线比较柔和。由于漫射光线能照亮平顶,使房间顶部亮度增加,因而能产生较高的空间感。半直接照明除能保证工作面照度外,天棚与墙面也能得到适当的光照,使整个展厅光线柔和、明暗对比不太强烈,又因其具有经济性的特点,大型展览会常采用此种照明形式。(见图 2-7)

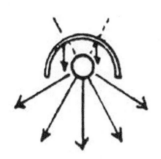

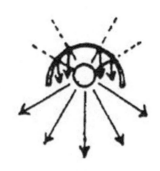

图 2-6　直接照明　　　　　　　　　　　　图 2-7　半直接照明

三、漫射型照明

漫射型照明是指发光体的光线向四周呈 360°的扩散,漫射至需要光源的平面上,利用灯具的折射功能来控制眩光,将光线向四周扩散。这种照明大体上有两种形式:一种是光线从灯罩上口射出经平顶反射,两侧从半透明灯罩扩散,下部从格栅扩散;另一种是用半透明灯罩把光线全部封闭而产生漫射,如图 2-8 所示。这种照明形式光线柔和,适用于卧室照明。

四、间接照明

间接照明是指发光体需经过其他介质,让光反射于需要光源的平面上,是将光源遮蔽而产生间接光的照明方式,其中 90％～100％的光通量通过天棚或墙面反射作用于工作面,10％以下的光线则直接照射工作面,光线均匀柔和,无眩光,适用于小型展厅和会议洽谈空间。间接照明通常和其他照明方式配合使用,才能取得特殊的艺术效果。商场、服饰店、会议室等场所,一般将间接照明作为环境照明使用或用于提高亮度。(见图 2-9)

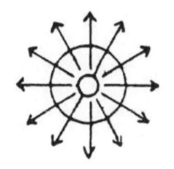

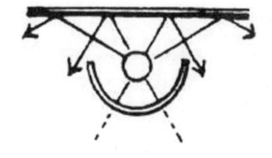

图 2-8　漫射型照明(光线全部封闭)　　　　图 2-9　间接照明

五、半间接照明

半间接照明和半直接照明相反,把半透明的灯罩装在光源下部,发光体需要经过其他介质,让大多数光线反射于需要光源的平面上,60％～90％的光线射向平顶,形成间接光源,10％～40％的光线经灯罩向下扩散。这种照明形式能产生比较特殊的照明效果,使较低矮的房间有增高的感觉,也适用于住宅中的小空间,如门厅、过道等,通常在学习的环境中采用这种照明形式。(见图 2-10)

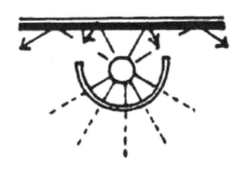

图 2-10　半间接照明

第三节
室内照明的常用光源

　　照明的光源是室内设计师在进行照明设计时要认真考量的部分,光源的合理选择搭配可以让空间的照明氛围更舒适。在我们的日常生活中,最常使用的光源有三种,分别是白炽灯泡、荧光灯和 LED 灯。这三种光源分别有着各自的特征,适用于不同的空间和场景,可以根据使用者的不同需求进行选择。

一、白炽灯泡

　　白炽灯泡(见图 2-11)是将灯丝通电加热到白炽状态,利用热辐射发出可见光的电光源。其光线照射在物体上,很容易突显出被射物体的质感和立体感。该光源带有红色、黄色等暖色系的光,给人以柔和温暖的感觉,能够为室内空间带来宁静、沉稳的光线氛围。白炽灯泡具有较为鲜明的特性,它在各种人工光源中,是与自然光线最为接近的光源,且其灯光亮起的速度快,光的残留时间短,适合运用在常常需要开灯、关灯的空间中,如走廊、楼梯、卫生间、室外空间、客厅、餐厅等。白炽灯泡的缺点在于用电量较大,使用寿命较短,约为 1000～2000 小时。

图 2-11　白炽灯泡

二、荧光灯

　　荧光灯(见图 2-12),又称日光灯,是属于放电灯的一种,通常在玻璃管中充满有利放电的氩气和极少量的水银,并在玻璃管内壁涂上荧光物质(荧光粉)作为发光材料(可以决定光色)制成。荧光粉决定了所发出光线的色温,不同比例的荧光粉可以制作成不同的光色,一般而言,白光的发光效率会大于黄光。由于荧光

灯不是点光源,因此它的聚焦效果较差,即使光源裸露,也不会感到刺眼,它比较适合用来表现柔和的重点照明,非常适合用作一般的室内空间环境照明。

　　荧光灯与白炽灯泡相比,耗电量较低,同等的亮度下,荧光灯所消耗的电量仅仅只有白炽灯泡的五分之一,但是它的寿命却是白炽灯泡的八倍,约为 8000-12 000 小时。但荧光灯的缺点在于,灯光亮起的速度较慢,反复开关会缩减光源的寿命。

图 2-12　荧光灯

三、LED 灯

　　LED 灯(见图 2-13)中的发光二极管是一种半导体元件,利用高科技将电能转化为光能。这种光源本身发热少,是属于冷光源的一种,其中 80% 的电能可转化为可见光。LED 灯为固态发光光源的一种,不含有水银或其他有毒物质,不怕震动、不易碎,是相当环保的一种光源产品。

　　近年来,随着 LED 灯光源效率和亮度的不断提高,其使用范围也越来越广泛。其特征鲜明、寿命长、体积小、安全性高、发光效率高、发光速度快、色彩丰富、环保等特征,使 LED 灯在照明市场中逐渐普及。LED 灯作为一种新型的绿色光源产品,必然是未来发展的趋势,它也成为目前人们日常生活中最常使用的光源。

图 2-13　LED 灯

第四节
室内照明灯具的类型

　　室内照明灯具的选择无论是对于整体的室内设计艺术风格的表达来说，还是对于室内照明灯光效果的呈现来说都是至关重要的。其形式的选择由多重因素所决定。首先，要考虑到室内空间中的居住环境，了解室内的采光情况，确定灯光的照明形式及属性。其次，灯具的造型要与室内设计风格相协调。由于灯具自带发光照明的效果，在室内空间中更易吸引人的注意，因此，灯具在造型、色彩及材质等方面，都要与室内整体的风格相匹配，否则会造成极不协调、视觉错乱的室内空间环境。如欧式风格适宜选择体积庞大、造型华丽的水晶吊灯；现代风格适宜选择形式简约、色彩呼应的现代灯具等。最后，还应确定灯光布置的位置及用途，并且使所选灯具符合室内空间功能需求，发挥其更具针对性、实用性的作用。

　　以下列举几种室内常见的灯具。

一、吸顶灯

　　吸顶灯（见图 2-14），顾名思义是上方较平，安装时底部完全贴在屋顶上的灯具，是家庭、办公室、文娱场所等各种场所经常选用的灯具。吸顶灯的形式较为简单，没有过于华丽的造型，照明效果极佳。

图 2-14　吸顶灯

二、吊灯

　　吊灯（见图 2-15）与吸顶灯同属于顶灯的一种类型。吊灯是指用吊绳、吊链、吊管等悬吊在顶棚或较高空间支架上的灯具，属于室内天花板上的装饰性较强的灯具类型。吊灯的造型丰富，风格多样，形式美观，装饰性强,是现代室内装饰中最常使用、最受人们青睐的室内灯具。

图 2-15 吊灯

三、筒灯

筒灯是安装于天花板中,光线下射的照明灯具。其特点是不占据空间,形式简约,照明效果良好,光线柔和,营造温馨舒适的室内氛围。筒灯又分为明装筒灯和暗装筒灯,如图 2-16 所示,区别就在于是否嵌入天花板内部。近几年较为流行的无主灯设计(见图 2-17),多采用筒灯来实现室内空间照明。

明装筒灯　　　　　　　　　　　　　　　　　　　　　　暗装筒灯

图 2-16　筒灯

图 2-17　无主灯设计

四、射灯

射灯与筒灯类似,安装于天花板中,是典型的无主灯、不定规模的现代流派照明。与筒灯的区别在于射灯可自由变换角度,组合照明的效果也千变万化。射灯光线集中,重点突出,适合采用射灯进行局部照明,烘托气氛。常见的射灯形式有嵌入式射灯(见图 2-18)、明装射灯、轨道射灯等。其中,轨道射灯(见图 2-19)可调节射灯的位置和照射的方向。(见图 2-20)

图 2-18　嵌入式射灯

图 2-19　轨道射灯

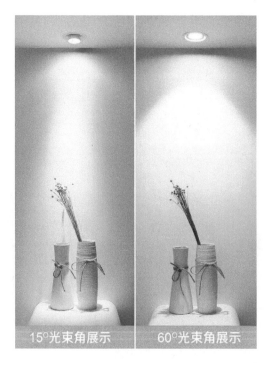

图 2-20　不同光束角度的射灯效果

五、台灯

台灯(见图 2-21)是指放在桌面上或者其他家具上的可移动式灯具。台灯的照明范围和亮度不会影响到整个房间的整体光线,其照明仅局限于台灯的周围,便于阅读、学习、工作,节省能源。

图 2-21　台灯

六、壁灯

　　壁灯(见图 2-22)是指固定在墙上或者柱子上的灯具,除了起到空间照明作用之外,还能够起到装饰空间界面的作用。壁灯安装高度应略高于视平线(1.8 m 左右),照明度不宜过大,富有空间艺术感染力。

图 2-22　壁灯

七、落地灯

　　落地灯(见图 2-23)是指固定在高支柱上并立于地面的可移动式灯具,一般布置在客厅和休息区域,与沙发、茶几搭配使用,以满足局部照明的需要,以及起点缀空间环境的作用。

图 2-23　落地灯

Shinei Zhaoming yu Chenshe Sheji

第三章
室内陈设设计的
风格与流派

> **教学目标**

通过教学帮助学生辨别不同风格的陈设品,教会学生在设计时针对不同的风格如何配置不同种类的陈设品。在完成教学后,使学生可以自主分辨不同陈设风格,并能够清晰表达每种风格的特点。

帮助学生学习了解现代艺术陈设的流派有哪些,对不同的艺术陈设流派进行了解、区分,根据不同的陈设性质区分不同空间适用哪种艺术流派的陈设品。

> **教学难点**

在教学中使学生掌握各种风格的陈设品如何设置在合适的位置上,如何通过设计达到整体空间风格的统一和协调。

帮助学生对艺术风格和艺术流派进行概念上的区分,加深对陈设流派的认识,并熟练运用在不同风格的室内空间设计中。

第一节
室内陈设设计的风格

一、中式风格

中国作为世界四大文明古国之一,有着悠久的历史和深厚的文化底蕴。在室内设计的领域,中式风格往往体现出深邃的内涵,是文化与自然风景的沁入式融合。传统中式风格往往以宫廷风为代表,气势恢宏、磅礴大气、壮丽华贵都是中式风格的常见特征,高空间、大进深,造型讲究对称,色彩讲究对比,图案多以兽首、花鸟为代表。这也决定了中式风格的高造价,设计市场拓展面较窄,部分元素往往作为装饰点缀使用。

中国传统崇尚庄严和优雅,在空间布局上多采用对称的构图方式;在固定陈设中吸取中国传统木构架的建筑形式,构筑室内藻井、天棚、屏风、隔扇、挂落、雀替的内在结构和表面装饰;在移动陈设中则吸取明清家具的造型和款式,以及采用凸显东方文化的瓷器和书画作品。传统中式风格陈设(见图 3-1)的色彩庄严而洗练,空间气氛宁静雅致而简朴,共同营造出格调端庄典雅的室内环境。

传统中式风格是在中华民族几千年的历史长河中逐渐沉淀、积累下来的个性鲜明的室内陈设设计风格,主要以庄严、稳健、儒雅、清新为特征,富有文化底蕴,传统韵味十足,与其他陈设风格形成强烈的对比。对中式风格有设计需求的人群一般对中国传统文化有较为深入的了解,对东方审美情趣有一定偏好。

社会的进步与经济的发展势必加快设计领域前进的步伐,室内设计领域出现各种设计思潮,各种风格纷纷出

图 3-1　传统中式风格陈设

现。随之渐渐兴起的国学,也使得国人开始用中国文化的视角来审视室内设计,中式风格也因此被众多设计师加入其设计理念。逐渐风行的中式风格并不是传统文化元素的简单叠加,在设计师的设计中,中式风格不再是古老刻板的,一种现代元素与传统元素相结合的新风格——新中式风格应运而生。

简单来说,新中式风格就是在原先的古典中式风格基础上,再融以新元素,合成浑然一体的风格。以中华上下五千年历史底蕴作为支撑的新中式风格,主打的是富含中国古典浪漫特色的生活品位。它充满了东方魅力,也将永不褪色;同时,用现代人的思维审美来诠释传统艺术,让传统艺术在生活日益变化的今天,得到一席之地。新中式风格既表达了对优雅神秘的东方艺术的追求,又能巧妙地融入现代风格,与现代生活完美结合,因此颇得有一定文化底蕴的人群的钟爱。(见图3-2)

图3-2　新中式风格陈设

1. 中式风格的设计元素

(1)对称式的空间布局。

在空间布局上,中式风格多采用对称式格局。各部分功能的划分上虽不会完全区分开来,但最终效果上装饰格调基本统一。举个例子,在客厅与餐厅的过渡区,设计师采用了同种材质与颜色的地面,为确保空间的区隔,会使用陈设品,例如家具、灯具等来划分,并不会有生硬之感。整体既统一又协调,并不刻意又一目了然。(见图3-3)

如果一种风格代表一种性格,那么新中式风格就属于稳重含蓄的性格。

(2)体现深厚沉稳底蕴的设计选材。

在设计选材上,中式风格主要以深色为主,衬托出深厚沉稳的底蕴。通常采用硬朗简洁的直线条,突出空间的层次感。(见图3-4)

图3-3　整体统一的风格特征

图3-4　设计选材体现沉稳底蕴

最重要的是新元素的融入,善于利用现代的新型材料和技术(例如玻璃、金属等材料的修饰使用),满足现代人的居住要求。

(3)不断改进的实用性。

在实用性上,中式风格也在不断地改进着。几年来的沉淀让新中式风格越来越适应现代生活,很多直接表现在陈设品方面。比如座椅方面,旧时的椅子或方方正正,或横平竖直,生硬呆板,和人体线条极不贴

合,人坐久了,自然是腰酸背痛,极不舒适。设计师在这方面做出重大改革,利用科学依据,精心设计出符合人体线条的结构,在与人的接触面上也人性化地添上软包及靠垫,既具古典座椅的高雅内涵,又有现代座椅的时尚舒适。(见图 3-5 和图 3-6)

图 3-5　人性化的座椅靠垫

图 3-6　新型中式座椅

2. 中式风格的局限

(1)中式风格的室内陈设很强调意境或精神意蕴的传达,需要室内设计师和使用者均有较深厚的传统文化积淀和修养,尤其是使用者,必须对中国传统文化具有浓厚的兴趣,能够欣赏传统文化的含蓄隽永。因此,并非所有人都适合中式风格。

(2)中式风格的室内陈设造价高昂。传统中式家具一直强调使用珍贵的硬木(如檀木、楠木)打造,这些硬木树种稀少,生长周期长,成材数少,因此,使用这些木材制造的家具价格也是非常昂贵的,必须具备比较雄厚的经济实力方可享用。

(3)中式风格的室内环境多注重对称法则的应用,而现代建筑的室内空间能够采取对称布局的数量甚少,因此,不是所有的房型都适合采用中式风格进行室内陈设设计。新中式风格的室内陈设比传统中式风格更加适合现代建筑环境。

二、欧式风格

欧洲虽然国家众多,但却拥有相似的文化根基,这促使欧洲国家的室内陈设呈现出一种相近的追求华丽、高雅的古典风格。欧洲传统风格强调线形流动的变化,擅长运用曲线和曲面以及有机形态创造条件,还擅长运用非对称法则营造室内空间氛围以取得均衡效果。从文艺复兴时期开始,典型的欧式风格分出了各个派系,如巴洛克艺术、洛可可艺术、维多利亚艺术等相应风格的陈设,如图 3-7 至图 3-9 所示。一般提到欧式风格,人们会联想到豪华大气。欧式风格也以强调华丽的装饰、浓烈的色彩、精美的造型而闻名。

图 3-7　巴洛克风格室内陈设

图 3-8　洛可可风格陈设

图 3-9　维多利亚风格陈设

1. 欧式风格的设计要点

(1)仿罗马式的空间布局和造型设计。

在空间布局和造型设计上,欧式风格深受罗马时期的梁、柱结构形式的影响,常用仿古堡式装饰,门窗设计成圆弧形或拱券形,并用带有卷草纹的石膏线进行勾边。

(2)奢华富丽的设计选材。

在设计选材上,欧式风格主要以体现奢华宫廷的气质作为设计导向,以石材和木材等自然材料为主。墙面可采用天然石材或壁纸,石材表面宜打磨光滑,局部使用羊毛挂毯。地面宜使用天然石材,表面同样需要打磨光滑,局部使用地毯。家具宜使用天然木材,以天鹅绒覆面,其他织物以丝质材料为主。尽量避免在欧式传统风格的室内使用大面积的反光金属材质,玻璃材质可局部、少量地使用。(见图 3-10)

(3)华丽复古的色彩搭配。

在色彩搭配上,欧式风格追求复古与华丽,设计上较为大胆,采用的色调多富丽堂皇或清新明快。欧式风格大量使用原木色或者砖石颜色。墙面以白色为基调,顶面也以白色更常见,地面则保持石材原色。家具以原木色或白色最为常见,局部可使用金属色。织物色彩鲜艳、对比强烈。高纯度的色彩应用以及金属色的点缀可使室内呈现出富丽堂皇的效果。(见图 3-11)

2. 欧式风格的局限

(1)传统欧式风格强调华丽的装饰、浓烈的色彩、雍容华贵的装饰效果,目前在我国室内设计市场上未能被大多数人所接受。一般来说,欧洲传统风格的室内陈设比较豪华,需要空间使用者拥有自信乐观的生活态度和强大的精神力量(俗称“气场”),否则,如此的陈设风格只会使室内环境显得肤浅和空洞。

(2)欧式风格的室内陈设品造价高昂,导致设计造价的高昂,需要在设计时全面考虑到预算的因素,且应考虑室内家具及配置的装饰等陈设是否与整个环境相协调。这种风格室内大量使用天然石材进行装饰,而且家具强调使用天然木材打造,陈设价值及加工费用均比较高昂。

(3)欧式风格适用于大空间的室内环境,对建筑实体要求极高,高大宽敞是基本条件,而现代建筑室内空间的高度很少能够满足欧式陈设风格的要求。因此,不是所有的房型都适合采用欧式风格的室内陈设。

图 3-10　奢华富丽的陈设选材　　　　　　　　图 3-11　复古的色彩搭配

三、美式风格

美式风格区别于其他风格的最大特性就来源于美国这个国家的多元化和超强的包容性。美式风格中几乎没有发源于本土的元素,因而可以极大地融合各个民族特色及不同物种之间的装饰和装修风格。(见图 3-12 和图 3-13)

图 3-12　美式风格室内陈设(一)　　　　　　　图 3-13　美式风格室内陈设(二)

美式风格是一种风格,也是一个统称。它主要有小美风格、美式古典、美式乡村等类型。其中,小美风格整体偏活泼,主要以文化浪漫气息为主,如图 3-14 所示;美式古典偏向于营造大气稳重、充满内涵的空间,如图 3-15 所示;美式乡村更加自然休闲,如图 3-16 所示。这三种具有代表性的美式风格都受到了不同年龄层次的消费者的喜爱。

图 3-14　小美风格室内陈设

图 3-15　美式古典室内陈设

图 3-16　美式乡村室内陈设

1. 美式风格的设计要点

(1)宽敞的空间布局。

在空间布局上,美式风格多适配户型足够宽敞的设计方案。传统美式风格常采用弧形设计,对于壁龛、拱门造型都有要求,如图 3-17 所示,空间上追求连续性、形体的变化和层次感。与此同时,在细节的处理上,则针对空间中不必要的造型和配饰予以删减,以实现设计中常见的加减法设计思想。

图 3-17　美式风格室内造型中的壁龛、拱门

（2）复古质朴的设计选材。

在设计的选材上，美式风格较多地采用复古地砖、原木和铸铁材质等。家具材料的选择上多以白橡木、桃花心木和樱桃木等实木为主。美式的粗犷风格也常体现在室内布艺的选择上，质地略粗糙的棉麻材质往往成为美式风格中的常见选择。在修饰墙面的时候，则常常采用纸浆质感深厚、色调温暖的纯纸壁纸来营造室内空间的温馨感。

（3）多彩的色彩搭配方式。

在色彩搭配上，甄选的方式有很多。美式乡村风格的搭配较为含蓄保守，将古典风格的造型和现代空间的线条相结合，凸显出自然纯朴的特征，墙面色彩自然怀旧，为象征泥土的芬芳，色调多以绿色、土褐色为主。小美风格则色彩运用大胆、对比强烈，打破人们对传统美式风格的理解，如运用鹅黄色等鲜艳的颜色与大面积的素色形成色彩撞击，涂料的色彩丰富性也给美式风格注入了新的体验。（见图 3-18）

图 3-18　美式风格的色彩搭配

2. 美式风格的局限

（1）美式风格空间中家具的尺寸一般会占据较大的位置，注重空间的预留以及室内走道的布局。美式风格的壁柜一般是一体的，设计时要考虑到使用的便利，例如年长者行动不便等因素。

（2）美式风格陈设要注重实用性，不要华而不实，不能仅注重样式的选取。设计师在设计时应与客户及时沟通，充分从客户的角度考虑其使用感受及使用效果。

（3）美式室内风格可能会产生视觉的疲劳。在室内陈设方面，更需要注重的是长久的实用性而不是一时的新鲜感，美式风格家具的造型一般过于夸张，所以在设计时应充分了解客户的需求再进行陈设风格的设计。

四、日式风格

日本的传统文化是受中国文化全面、深刻影响而发展起来的。日本一方面模仿中国建筑样式，另一方

面将其与自己的地域特色和固有文化相结合,逐渐创造出独具日本特色的风格样式——日式风格。

在日本的审美文化中,多追求一种淡雅、清寂的趣向,体现了传统的禅宗精神(见图 3-19)。因此,日本建筑通常都非常简约,室内风格也是如此。繁杂的器物种类与形态很难满足居住者对整齐、干净、灵巧的审美要求。在日式风格设计中,室内装饰减少到了极限,用纯粹的构造呈现一种静谧、收敛的氛围,且形成了洗练、优雅的深远品位。(见图 3-20)

图 3-19　日本室内陈设的禅宗精神

日式传统家具造型简洁、质朴,具有与日本建筑和室内暴露的梁、柱结构一样的直线特征,棱角分明,装饰和点缀较少,符合现代简约的形式特点,如图 3-21 所示。另外,日本传统的家具低矮,与日本人席地而坐的起居习惯相适应,也与日本结构建筑和室内环境风格协调一致。日式家具犹如小家碧玉,非常适合亚洲人。日本建筑中房间内的家具较少,常把实用性的家具、陈设都布置于室内的中央,使自由空间的感受得到充分的体现,如图 3-22 所示。

图 3-20　日式风格陈设品　　　　　　　　　　图 3-21　简约的现代日式家具

图 3-22　日本建筑中房间内的陈设

日式风格在装饰材料的选择上主张"尊重材料的本性,呈现朴素的品位"。在室内空间中,地面、墙面、顶棚均采用天然材料,让人有回归自然的亲切感。常用的叠席即榻榻米,是用蔺草制成,门窗则使用和纸进行装裱,还有用竹子做的顶棚,不加斧凿的毛石做的踏步或茶炉架,粗糙的芦苇席做的隔断,室内家具也多使用竹编、原木等材质以体现简约朴素的风格。这些材质能够适度地调节空气的温湿度,并且经过时间的沉淀,呈现出独一无二的色彩和质感。(见图 3-23 和图 3-24)

图 3-23　日式竹编的室内灯具

图 3-24　日式原木家具

1. 日式风格的设计要点

(1)一居多用的空间布局。

在空间布局上,日式风格一直讲究一居多用。例如白天放置书桌,该区域就成为客厅;摆上茶具就能成为茶室;而到了夜晚铺上寝具就能够成为卧室。在大户型空间中,这样的空间不仅实现了一居多用的原则,更拓宽了人类活动需要的交通流线。在孩童较多时或是在拥有成长期孩子的家庭,孩子们奔跑和玩耍需要的空间完全足够。日式风格采用取消装饰细部的抑制处理手法来体现空间本质,并使空间具有简洁明快的时代感,在暗示使用功能的同时强调设计的单纯性和抽象性。(见图 3-25)

(2)室内造景的独特风格。

室内造景已然成了日式风格的独特体现。日式风格借用外在自然景色为室内带来无限生机,利用光线的走向折射出室内的人造景观;讲究人与自然的接触和互相影响;在表达主人情趣的同时将内涵完美呈现出来,抓住了风格的特色,又独具设计的创意灵感。另外,日本的佛教文化一直兴盛,日式建筑主要采用了古代中国传入的歇山顶、深挑檐等形式。

(3)典雅的选材和搭配风格。

在设计选材和色彩搭配上,日式风格多以碎花典雅的色调为主。色彩中多数偏原木色,利用竹、藤、麻和其他天然材料的颜色进行室内装饰,以打造朴素简约的自然风格。木材的颜色更加利于人们贴近大自然。日式风格秉承了日式传统美学中对自然的推崇,力求彰显原始形态的面目。日式风格与中式风格一样,喜好运用木材进行装饰装修,但区别在于中式风格气势磅礴、巍然大气,而日式风格则是麻雀虽小,五脏俱全,强调淡雅、简洁,线条清晰而富有几何感,最大限度地对空间进行精密的打磨,表现出素材的自然质感。(见图 3-26)

图 3-25　一居多用的空间布局　　　　　图 3-26　日式风格卧室陈设的设计选材和色彩搭配

2. 日式风格的局限

(1)日式风格的局限之一与中式风格类似,在于家具的价格相对高昂。一般来讲,日式风格必备的要素就是木质地板、原木家具与特制的榻榻米,整个环境的氛围塑造都需要资金的支持。

(2)日式风格的适用人群具有选择性。喜欢日式风格的人群一般寻求悠然的生活方式,生活富有禅意,所以不适合所有年龄阶段的客户。

五、现代风格

现代风格也被称为现代简约风格或极简风格,这是由包豪斯倡导的现代主义设计在室内设计领域的体现,从"形式追随功能"的设计理念、现代建筑的单纯六面体结构形式、减少甚至避免装饰直到以黑、白、灰为主的中性色搭配,都诠释着"less is more"的现代简约潮流。现代风格设计本着高度的理性精神,以室内的功能为基础,采用现代新材料创造符合人们需求的室内空间。(见图3-27和图3-28)

图 3-27　现代风格室内陈设(一)

图 3-28　现代风格室内陈设(二)

　　现代风格注重空间布局与使用功能的完美结合,在现代生产力条件下营造出最省力、舒适的生活环境,而这也往往是设计所追求的目标。现代风格通常造型简洁,无过多装饰,重视材料的本质,且推崇科学的构造,形成新时代别具一格的设计格调,其风格特点以宽敞、舒适为主,在装饰与布局中,极大地呈现了家具与空间的整体协调,主张用有限的空间发挥最大的效率。(见图3-29)

图 3-29　造型简洁的现代风格

1. 现代风格的设计要点

(1)实用的空间布局理念。

现代风格在空间布局上奉行实用原则,在不过多占用空间的基础上,充分发挥其功能性质,摒弃多余摆设及过多复杂昂贵的装饰,多以简洁造型的几何体为主,但简洁却不简单,每个装饰都是设计师的精心设计,不是一味简单地摆放,整体空间看起来宽敞舒适却又不失美感。(见图 3-30)

图 3-30　简洁实用的空间布局

(2)粗犷现代的设计表现。

在设计选材上,铁制构件、水泥砖或合金材料等通通被考虑。另外,在设计的表现上,不同于传统风格,现代风格会把建筑结构暴露在外,使整个房间简洁明快,采用白、灰色作为主基调色,整体设计略显粗犷,家居及颜色搭配上凸显个性张力。

(3)简洁鲜活的色彩搭配。

在色彩搭配上,现代风格不求多而强调搭配,大量运用纯色调,个性鲜明,变化多端,如图 3-31 所示,颜色简洁却不失鲜活,令人眼前一亮。在一些细节上,为了制造视觉效果,空间中的收纳功能必须隐蔽。此外,为了突出视觉焦点,不能有太多的大面积色彩表现,尽量把色彩控制在三种以内,必要时采用留白效果。

图 3-31　纯色调色彩搭配

2. 现代风格的局限

现代风格的陈设缺乏个性,缺少文化内涵,室内空间和陈设造型皆为几何型,色彩则是大面积的黑、白、灰等中性色,易使人产生单调乏味的情绪。现代风格的室内陈设设计过分追求功能和逻辑关系,相对轻视甚至忽视人在环境中的切身感受,在人性化方面表现不佳。其中,缺乏个性是其在这个广泛追求个性的时代中最为致命的缺陷,而这个缺陷可以说是现代风格设计与生俱来的。

六、地中海风格

地中海位于亚、非、欧三大洲的交界处,意为"陆地中间的海"。地中海沿岸共有 19 个国家,漫长的海岸线孕育了不同的建筑艺术特色,因此地中海风格并不是一种单纯的风格,而是融合了这一区域特殊的地理因素、自然环境因素与各民族不同文化因素所形成的　种混搭风格。受拜占庭艺术的影响,地中海风格的建筑造型偏爱使用曲线。具有典型形态特征的半拱券可以作为门洞、壁龛,或者由柱子连接在一起形成拱廊。此外,裸露的梁体也是地中海风格的重要特征。无论是拱顶还是平顶,都清晰地显示出其结构特征,形成富有结构美的韵律。(见图 3-32 和图 3-33)

图 3-32　地中海风格的曲线门洞(一)

色彩上,地中海沿线居民比较喜欢大地色调、海洋色调和调料色,比如红椒色、姜根色、橘黄、小茴香色、沙黄、褐红、湛蓝、普鲁士蓝、鸭蛋青等,冲突性强的颜色搭配较多。其中,希腊地区人们喜爱蓝色和白色的配色方式,加上混着贝壳、细砂的墙面,小鹅卵石地,拼贴马赛克,手工陶砖,金、银、铁的金属器皿,将蓝与白不同程度的对比与组合发挥到了极致。西班牙、意大利和法国南海岸线上传统的农舍风格粗犷,建筑多为当地色彩斑斓的石头或粉饰灰泥所砌筑。(见图3-34)

图 3-33　地中海风格的曲线门洞(二)　　　　　图 3-34　地中海风格的色调

　　常见的地中海风格室内陈设用品有通过擦漆做旧的方式处理过的器具,黑色和古铜色的铁艺床架和装饰、雕花门锁等,黄铜或银质的托盘、茶具、水壶、灯具等,纯麻、亚麻、羊毛等天然织物,马赛克、摩洛哥风格浓郁的纹样及装饰品,以及无处不在的植物,这些都是地中海风格必不可少的装饰元素。

1. 地中海风格的设计要点

(1)色彩搭配的海洋风情。

　　在地中海风格色彩搭配上,白色和蓝色是两个主体色调,另外搭配黄色、绿色、土黄色和红褐色等大自然中常见的色彩,很温婉地体现了大自然的纯朴和质朴。颜色倾向做旧,体现自然的风吹日晒,恬静自然。西班牙蔚蓝的海岸与白色沙滩,希腊的村庄、沙滩、碧海和蓝天,北非的沙漠、岩石、泥沙等天然景观等,都把地中海的色彩风格彰显得淋漓尽致。(见图3-35)

　　(2)设计选材上的质朴自然。

　　在设计选材上,地中海风格常运用质朴自然的材料,如原木、石材、泥墙、陶砖、玻璃等,偶尔还搭配些许造型别致的拱廊和细细小小的石砾。造型上,房屋或家具的线条不是直来直去的,而是随意自然的,因而无论是家具还是建筑,都形成了一种独特的浑圆造型。运用拱门和半拱门,给人延伸的透视感。白墙上不经意涂抹的结果呈现凹凸和粗糙之感,形成一种特殊的不规则表面。(见图3-36)

　　(3)富有浪漫自然的情怀。

　　在情怀把握上,地中海风格的浪漫自然萦绕始终,将海洋元素悉数运用到室内设计中,海天相接营造出

图 3-35　地中海风格的白色和蓝色搭配

图 3-36　曲线形的楼梯扶手

唯美而浪漫的画面,让人感觉处处体现着浪漫主义情怀,且其捕捉光线、取材大自然,大胆而自由地运用海洋风塑造意境。

2. 地中海风格的局限

地中海风格的室内陈设与当地的人文环境密不可分,相对内陆地区来说,沿海地区运用更为广泛。在地中海风格设计中最多的是运用圆角、大圆弧拱门等元素,自然会促使预算提高。相对其他风格来说,地中海风格很多陈设的材质或设计不易打扫清理,会造成一定的不便。

七、北欧风格

　　北欧风格的室内设计以其独特的设计理念,在设计领域中占有很重要的位置。北欧风格多指欧洲北部国家挪威、丹麦、瑞典、芬兰以及冰岛的艺术设计风格,具有简洁、自然、人性化的特点。纯粹、洗练、朴实的北欧风格设计,其基本精神就是讲求功能性,设计以人为本。北欧风格注重人与自然、社会、环境的有机的、科学的结合,它集中体现了绿色设计、环保设计、可持续发展设计的理念。(见图3-37和图3-38)

图 3-37　北欧风格原木背景墙

图 3-38　北欧风格家具陈设

1. 北欧风格的设计要点

　　(1)简洁的空间布局。

　　在空间布局上,北欧风格以简洁著称于世,并影响到后来的极简主义、后现代主义等风格,北欧风格追求空间简洁流畅,近乎极致,如图3-39所示。空间宽敞、内外通透,最大限度引入自然光是北欧风格空间设计的精髓。墙面、地面、顶棚及家居设计,均以简洁的造型、纯洁的质地、精细的工艺为特征。室内的顶面、墙面、地面完全不用纹样和图案装饰,只用线条、色块来区分点缀。

　　(2)精致天然的设计选材。

　　在设计选材上,北欧风格永远是材质上精挑细选,工艺上至纯至真,崇尚手工天然。手工艺这种在当前工业化社会被看作活标本的技术,仍然在北欧风格的设计中广泛运用。这种崇尚自然、人性化的设计出发点也获得了普遍的认可。常用的装饰材料主要有木材、石材、玻璃和铁艺等,都无一例外地保留了这些材质的原始质感,而木材是北欧风格设计的首选材料。为了有利于室内保温,北欧人在进行室内装修时大量采用了隔热性能好的木材,枫木、橡木、云杉、松木和白桦等木材因其本身所具有的柔和色彩、细密质感及天然

纹理而被自然地融入设计中去,展现出一种朴素、清新的原始之美,散发着独特的设计魅力。(见图 3-40)

图 3-39　极简的北欧风格空间布局　　　　　　　　　图 3-40　朴素自然的选材

(3)舒适自然的色彩搭配。

　　在色彩搭配上,北欧风格以浅色为代表,整体讲求舒适自然。多采用朴素的颜色,如白、黑、棕、灰和淡蓝等。北欧风格色彩搭配之所以令人印象深刻,是因为它总能产生令人感到温和舒适的效果。如采用纯度过高的颜色,则会多使用中性色进行色彩上的柔和过渡;即使整体色系用黑、白、灰来营造强烈的视觉效果,也会另外搭配稳定空间的色彩元素来打破强色彩对比造成的视觉膨胀感,用素色或中性色软装来平衡整体视觉效果。(见图 3-41)

图 3-41　淡蓝的纯色搭配

2. 北欧风格的局限

北欧风格相对其他风格来说局限较少,但是北欧地区所处的环境比较独特,常年有雪覆盖,所以室内空间相对明亮,这使北欧风格的灯具陈设不太适用太过明亮的光源,那么在光源不足的低层空间就不适宜搭配北欧风格。北欧当地由于地广人稀,空间较大,所以北欧风格空间中的收纳空间较少,在设计时需要结合客户需求注重收纳空间的融合,将每个空间进行合理的利用。

第二节
现代陈设流派

流派是指在中外艺术的一定历史时期内,由思想倾向、美术主张、创作方法和表现风格相似或者相近的艺术家们所形成的艺术派别,在严格意义上指有共同的思想倾向、艺术观点,并有组织形式和结社名称的艺术家团体或画家团体。室内陈设流派是指在流派风格的基础上延伸出的艺术陈设品流派,在不同的室内风格中与之匹配,最后达到室内环境与陈设的和谐统一。

一、高技派

高技派亦称重技派。高技派反对传统的审美观念,强调设计作为信息的媒介和设计的交流功能,以突出当代工业技术的成就,并在建筑形体与室内环境中加以体现,讲究技术的精美,崇尚"机械美",故意在室内暴露梁、板、网架等结构构件以及风管、线缆等机电设备和管道。(见图 3-42 和图 3-43)

图 3-42　法国巴黎蓬皮杜国家艺术与文化中心

图 3-43　杭州天目里城市综合体

　　在室内陈设装饰上，高技派使用带有工业社会特点的金属灯、家具，以及塑料、玻璃制品等工业文明的代表材质作为视觉元素，形成独特的空间语言，并且，与建筑空间相同，室内家具及其他陈设品都通过裸露的产品结构或机械零件反映一种具有工业感的机械美，如图 3-44 所示。同时，高技派常以温暖的灯光、柔和的材质为点缀，力求使高度工业技术接近人们习惯的生活方式和传统美学，使人们容易接受并产生愉悦的审美感受；在功能上强调现代居室的视听功能，采用自动化设施，其中家用电器为主要陈设，构件节点精致、细巧，室内艺术品陈设均为抽象艺术风格。（见图 3-45）

　　高技派的特点如下：

　　(1)表现过程和程序，体现机械运行的状况，例如将自动扶梯的传送装置做透明的处理。

　　(2)通常采用透明的玻璃、半透明的金属网、格子等硬质光亮材料来分隔空间，形成室内空间流通、隔而不断、影像层层重叠的空间效果。

　　(3)高技派认为功能可变，结构不变，着重表现技术的合理性和空间的灵活性，既能适合多功能需要又能达到机械美学所要求的效果。

图 3-44　高技派的裸露管道

图 3-45　高技派家具陈设

二、后现代派

　　后现代派室内设计理念完全抛弃了现代主义的严肃与简朴，刻意制造出一种令人迷惑的情绪，突出了室内设计的复杂性和矛盾性。例如，用非传统的叠加、混合、错位等手法将变形的柱、断裂的拱券组合起来，具有一种历史的隐喻性，融合了感性与理性，糅合了传统与现代。后现代派的室内家具及陈设艺术品的象征、隐喻含义突出。（见图 3-46 和图 3-47）

图 3-46　后现代派室内风格

图 3-47　后现代派室内陈设

后现代派的特征如下：

（1）强调形态的隐喻以及符号和文化、历史的装饰主义。后现代派室内设计运用了众多隐喻性的视觉符号在作品中，强调了历史性和文化性，肯定了装饰对于视觉的象征作用，使装饰又重新回到室内设计中，装饰意识和手法有了新的拓展，光、影和建筑构件构成通透的空间，成了大空间装饰的重要手段。（见图 3-48）

图 3-48　后现代的隐喻装饰

（2）主张新旧融合、兼容并蓄的折中主义手法。后现代派的设计并不是简单地恢复历史风格，而是把眼光投向被现代主义摒弃的历史建筑特点，承认历史的延续性，有目的、有意识地挑选古典建筑中具有代表性的、有意义的东西，对历史风格采取混合、拼接、分离、简化、变形、解构、综合等方法，运用新材料、新的施工方式和结构构造方法来创造，从而形成一种新的形式语言与设计理念。（见图 3-49）

图 3-49　新旧融合的折中手法

（3）强化设计手段的含糊性和戏谑性。后现代主义室内设计师运用分裂与解析的手法，打破和分解了既存的形式、意向格局和模式，衍生出一定程度上的模糊性和多义性，将现代主义设计的冷漠、理性的特征反叛为一种在设计细节中采用的调侃手段，以强调非理性因素来实现一种设计中的轻松和宽容。

三、孟菲斯派

　　孟菲斯派反对单调、冷峻的现代主义,主张表达个性化的文化内涵,材料运用上不分贵贱,别出心裁。孟菲斯派以颇具象征意义甚至怪诞的设计引发了设计界的一次反思。孟菲斯派的家具在放大概念性的同时,可以弱化实用性,常见不对称的几何图案和明快的色彩搭配,在色彩上故意打破配色规律,喜欢用明度高的明亮色调,特别是粉红、粉绿等通常被认为艳俗的色彩,或是涂饰一些有新意的图案。不仅如此,还会对室内界面的面层进行色彩涂饰,具有舞台布景般的效果。(见图 3-50 至图 3-52)

图 3-50　明度高的色彩搭配

图 3-51　孟菲斯派室内陈设(一)

图 3-52　孟菲斯派室内陈设(二)

孟菲斯派的特征如下:

(1)常用新型材料、明亮的色彩和富有新意的图案来改造一些传世的经典家具,显示了设计的双重意义:既是大众的,又是历史的;既是传世之作,又能随心所欲。

(2)室内设计注重室内的风景效果,常常对室内界面的表层进行涂饰,具有舞台布景般的非恒久性特点。(见图 3-53)

(3)在构图上往往打破横平竖直的线条,采用波形曲线、曲面和直线、平面的组合,来取得室内设计的独特效果。

(4)采用超越构件、界面的图案、色彩涂饰。

(5)室内平面设计形形色色,具有任意性和展示性。

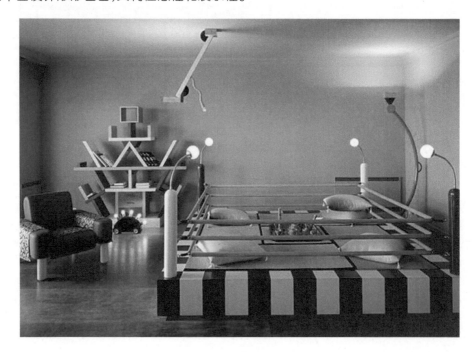

图 3-53　舞台布景式室内空间

四、装饰艺术派

装饰艺术派起源于 20 世纪 20 年代法国巴黎召开的一次装饰艺术与现代工业的国际博览会,后传至各地。美国早期兴建的一些摩天大楼,如纽约克莱斯勒大厦(见图 3-54)即采用这一流派的手法。大厦顶部的金属装饰闪闪发光,独特的造型吸引着人们的目光。装饰艺术派善于运用多层次的几何线型及图案,重点装饰于建筑内外门窗线脚、建筑腰线及顶角线等部位。

装饰艺术派的特征如下:

装饰艺术派重视几何块体、重复线条及曲折线的表现形式,融合了表现主义、未来派以及构成主义等当代艺术的特色,更强烈地受到社会时代的影响,如受机械美学的影响,以较机械的线条来表现,采用锯齿状、辐射状的太阳光及对称的几何构图等,如图 3-55 所示,并且以明亮且饱和度高的颜色来描绘,例如靓丽的红色、娇嫩的粉色、提示警报的黄色等。(见图 3-56)

图 3-54 纽约克莱斯勒大厦

图 3-55 几何图案的装饰纹样

图 3-56 饱和度高的绿色墙壁

五、极简主义派

极简主义,并不是现今所称的简约主义,而是第二次世界大战之后、20 世纪 60 年代所兴起的一个艺术派系,并迅速渗透到各个领域。极简主义在室内陈设中摒弃了烦琐和奢华的装饰,提倡"少就是多",用最少的物质环境,保留最多的心灵空间。在简单的结构中留出想象的空间,让人们体验返璞归真的生活。(见图 3-57 和图 3-58)

极简主义派的特征如下:

(1)极简主义派在进行室内空间设计时,要根据实际设计的需求进行合理的排列,最终形成精致且稳定

图 3-57　极简主义室内陈设（一）

图 3-58　极简主义室内陈设（二）

的结构。设计陈设的过程中需要对各个空间的要素进行解构和重组，使之形成全新的艺术形式。

（2）极简主义派陈设在设计风格上也将极简主义融入整个室内空间，将极简贯彻到底，保留必要的室内陈设元素，营造一个和谐、统一、舒适、自然的室内空间，减少或者避免一些破坏自然状态的、不必要的要素的出现。

（3）极简主义派在设计选材上也尽量选择天然木材，或是对木材、玻璃以及钢铁等材质的废物进行回收利用，利用这样的方式力图从经济成本的层面贯彻极简主义，同时考虑到各个空间要素的联系，保持极简主义设计空间的完整性和统一性，确保整体效果和谐统一。（见图 3-59）

六、解构主义派

解构主义派所追求的是区别于古典主义、现代主义和后现代主义的"理性"规律的"非理性"的表现，竭

图 3-59　极简主义派家具

力谋求矛盾的、杂乱的、残缺的、构造与功能并存的"非理性"思维的展示,主要表现为运用片段、倾斜等装饰语言打破传统的四平八稳的感觉,而传达出危险感、灾难感、不稳定感。(见图 3-60 和图 3-61)

图 3-60　印度解构主义派 UNLOCKED 酒吧

　　解构主义派室内空间创意设计的语言形式特质呈现得五花八门,无常规可循。它吸取了建筑设计里分离、重构的观点,将美学和功能形式紧密联系到一起。但是,解构主义派室内空间设计并非进行为所欲为的分离,而是探索出认识的对象内和外的构成特质,理智地剖析和再归纳创造出独特的新设计。(见图 3-62)

　　在解构主义派的室内空间陈设设计中,充满了前卫的设计理念、结构造型和颜色,冲击着人们的视觉感官,同时富有耐人寻味的气势和吸引力。(见图 3-63 和图 3-64)

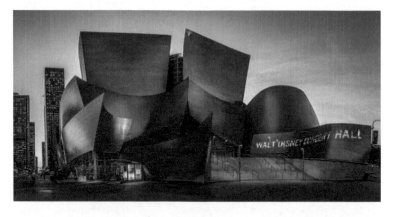

图 3-61　解构主义派建筑——华特·迪士尼音乐厅

图 3-62　拉斯维加斯脑健康研究中心内部

图 3-63　古根海姆博物馆外部

图 3-64 古根海姆博物馆内部

解构主义派的特征如下：

对于解构主义派，可总结出追求散乱、残缺、突变、动势、失稳、扭曲、模糊、奇艳、符号化和无意义、无目的十大特征。解构主义派的作品有的具有强大的视觉冲击力，有的可以表达强烈的情感色彩，有的具有新颖的时代气息，可以起到地标的作用。解构主义派作品相对其他流派作品更为奢侈，一般异形的建筑或陈设需要放大后才能更具视觉冲击力，另外也需要许多错位的空间，势必会增加空间的能耗。

七、风格派

风格派又称为冷抽象派，起源于 20 世纪初期，与俄国构成主义和德国现代主义结合，成为现代主义的重要组成元素。

风格派由于几件流传甚广的作品而影响了世界，例如里特维德的"红蓝椅"（见图 3-65）和他设计的施罗德住宅（见图 3-66），蒙德里安 20 世纪 20 年代创作的非对称的绘画，以及奥德的"联合咖啡馆"立面。尽管该流派的参与者中不少人互相并不熟悉，甚至不认识，但是他们的信念是一致的，作品也都体现出共同的形式特征。

图 3-65   里特维德的"红蓝椅"

图 3-66   施罗德住宅

风格派的特征如下：

把传统的建筑、家具、产品设计、绘画和雕塑的特征完全剥除，使其变成最基本的几何结构单体，或者称之为元素。把这些几何结构单体或是元素进行组合，形成简单的结构组合，但是在新的结构组合当中，单体依然保持相对独立性和鲜明的可视性。风格派还非常特别地反复运用纵横几何结构和基本原色及中性色。（见图 3-67 和图 3-68）

图 3-67   风格派几何元素墙壁

图 3-68   风格派室内陈设搭配

Shinei Zhaoming yu Chenshe Sheji

第四章
室内陈设设计的
色彩搭配

> **教学目标**

　　通过课堂教学、实验教学等环节使学生了解室内陈设色彩搭配的基本理论,通过对室内空间进行色彩分析,使学生掌握室内色彩搭配的设计原则和方法,并掌握流行色等色彩灵感在室内软装陈设中的应用方法。在理论上拓宽学生思维与视野,在实践上通过室内软装色彩搭配实践练习,使学生能够进一步理解色彩在室内陈设设计中的应用。

> **教学难点**

　　通过对室内空间色彩关系进行分析,使学生理解不同的室内色彩表现对人的心理因素的影响,通过室内陈设色彩理论知识学习,掌握室内陈设色彩搭配及应用方法。

> **实训课题**

　　名称:室内陈设设计色彩搭配训练。

　　目标:掌握软装陈设设计不同的色彩搭配技巧和方法。

　　任务:根据室内软装空间,绘制空间内软装搭配色卡方案,依据色彩搭配相关知识进行改进,形成新的色彩搭配方案。

　　要求:绘制空间软装色彩搭配色卡及方案,考核是否具备软装陈设设计的专业基础知识。

　　参考设计结果如图 4-1 和图 4-2 所示。

背景色

主题色

点缀色

图 4-1　空间内软装搭配色卡方案(改进前)

背景色

主题色

点缀色

图 4-2　空间内软装搭配色卡方案（改进后）

第一节
色彩的基本理论

色彩是由不同的光线呈现出来，并能让人感受到有所差异的颜色。其中，波长最长的可见光为红色，最短的为紫色，而在人看得见的波长范围内存在着千变万化的颜色，十分丰富。在现代色彩学中，又将色彩分为两大类，即有彩色和无彩色，如图 4-3 所示。

无彩色

有彩色

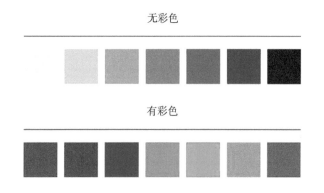

图 4-3　色彩的分类

有彩色包括可见光谱中的全部色彩，它以红、橙、黄、绿、青、蓝、紫为基本色，通过基本色之间不同量的

混合以及基本色与黑、白、灰之间不同量的混合,可形成缤纷的色彩。

无彩色包括黑色、白色及黑白两色调和形成的各种深浅不同的灰色系列。无彩色系中按照一定的变化规律,可由白色逐渐变为浅灰、中灰、深灰直至黑色。无彩色只有明度变化,而色相和纯度均为零。

一、色彩的三要素

色相、明度和纯度是构成色彩的三要素,任何有彩色都具备这三个基本属性,熟练掌握色彩的属性,对于认识色彩及运用色彩具有极大的重要性。

(一)色相

色相是指色彩所呈现出来的质地面貌,是色彩的首要特征,是区别不同色彩最准确的标准,是指不同波长的光波给人的不同的色彩感受,也是对各种色彩的相貌称谓。色相体现了色彩的外在性格,是色彩的灵魂。光谱中红、橙、黄、绿、青、蓝、紫为基本色相,因其色彩倾向的不同可以进一步细分出不同的色相,如蓝、紫之间可细分出蓝紫等,从而构成整个色彩体系。

(二)明度

明度是指色彩的明暗程度,也可以说是色彩中黑、白、灰的程度。明度是色彩的"骨骼",它是色彩构成的关键。没有明暗关系的构成,色彩会失去分量而显得苍白无力,只有具备明度变化的色彩才能展现出色彩的视觉冲击力和丰富的层次变化。在无彩色系中,明度最高的是白色,明度最低的是黑色。在有彩色中,最明亮的是黄色,最暗淡的是紫色。

色彩明度的形成往往有三种情况:一是因光源的强弱而产生同一种色相的明度变化,同一色相在强光下显得明亮,而在弱光下显得暗淡模糊;二是由于加上不同比例的黑、白、灰而产生同一色相的明度变化;三是在光源色相同的情况下,不同色相之间存在明度变化,如黄色明度最高,蓝紫色明度较低等。色彩的明度变化往往会影响纯度的变化。

(三)纯度

纯度是指色彩的鲜艳程度、纯净程度,又称彩度、饱和度。色彩的纯度越高,色相越明确;反之则色相越弱。纯度体现了色彩的内在性格。原色纯度最高,颜色混合的次数越多,纯度越容易立即降低、变灰。原色中混合补色,纯度会立即降低、变灰。黑、白、灰没有纯度。在有彩色中,纯度最高的是红色,最低的是青绿色。

凡是有纯度的色彩必然有相应的色相,因此,有纯度的色彩即为有彩色,而无纯度的色彩即为无彩色。人们往往可以通过纯度来界定有彩色和无彩色。

色彩的纯度、明度并不是成正比的,纯度高不代表明度高,明度的变化往往同纯度的变化是不一致的。但任何一种色彩加入黑、白、灰后纯度都会下降。

二、色彩的基础知识

(一)三原色

色彩中最基本的颜色为三种,即红、黄、蓝,我们称之为原色。这三种原色颜色纯正、鲜明、强烈,三色之中的任何一色,都不能由另外两种原色混合产生,而其他颜色可由这三色按一定比例混合而成,用三原色可以调配出多种色相的色彩,如图 4-4 所示。

(二)对比色

色相环上相距 120°到 180°的两种颜色,称为对比色,如图 4-5 所示。简单理解对比色,其实指的就是两种可以明显区分的色彩。对比色又可分为色相对比、明度对比、纯度对比、冷暖对比、补色对比等。

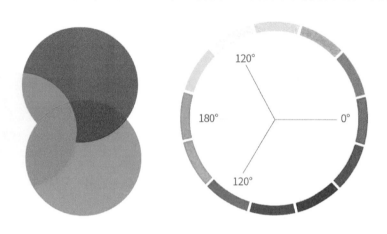

图 4-4　三原色及其颜色调配　　　　　　　　　　图 4-5　对比色

(三)同类色

同一色相中不同倾向的系列颜色被称为同类色,如图 4-6 所示。如蓝色可分为群青、普蓝、钴蓝、湖蓝等,这些颜色就称为同类色。

(四)互补色

色相环中相隔 180°的颜色,称为互补色,如图 4-7 所示。例如,红与绿、蓝与橙、黄与紫互为补色。补色相减时,就成为黑色;补色并列时,会引起强烈对比的色觉,观者会感到红的更红、绿的更绿;补色相互调和时,色彩的饱和度会减弱。

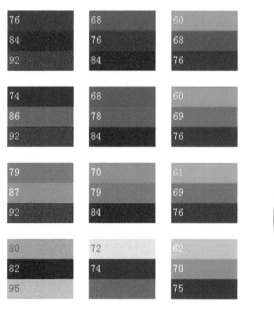

图 4-6　同类色　　　　　　　　　　　　　　图 4-7　互补色

第二节
室内空间色彩关系

　　室内空间中的色彩可以分为背景色、主体色及点缀色三个部分,如图 4-8 所示,这三者在室内空间色彩搭配中,相互协调、相互呼应,可以是对比色,也可以是相近色,三者分别发挥着自身的作用。

背景色

点缀色

主体色

图 4-8　室内空间中的色彩

　　背景色是指室内空间中大面积使用的、对其他室内陈设物品起衬托作用的颜色。

　　主体色是指在室内背景色的衬托下,占室内主体地位的物品(通常是空间中的主要家具)的颜色。

　　点缀色是指在室内点缀的,面积小效果却突出的颜色。

　　在室内陈设设计中,如何搭配和使用背景色、主体色和点缀色,是色彩设计首先应该考虑的问题。具体来说,首先考虑室内空间的主色调,也就是室内主体色的色相,确定好空间的主题颜色;其次,根据需要考虑大面积的背景色,背景色往往要与主体色相呼应,由于面积通常较大,因此,背景色不宜选择明度、纯度较高的颜色,不应"抢"了主体色的亮点;最后,适当考虑增加小面积的点缀色进行搭配,往往会选择一些色彩较为鲜艳、和主体色形成呼应或对比关系的小型软装陈设品。

　　不同色彩的物体可以形成多层次的空间色彩关系。背景色、主体色、点缀色三者之间的色彩关系绝不是孤立的、固定的,因此,在进行色彩搭配时,一定要有明确的图底关系、层次关系和视觉中心,色彩的选择也不能刻板、单一,这样才能实现丰富多彩的室内空间色彩效果。(见图 4-9)

图 4-9　室内陈设设计中的色彩搭配

第三节
室内空间色彩分析

色彩使人们的生活绚烂多姿,在人们的日常生活中,小到人们使用的物品、穿着,大到居住空间、城市建筑景观,都需要合理的色彩搭配来丰富人们的生活、传递人们的情感。因此,色彩知识的学习是设计师开展设计前的一门必修课。对于室内设计师来说,色彩的运用往往会对室内空间产生巨大的影响,巧妙运用色彩不仅能突显室内空间的设计风格,同时还可以通过色彩赋予空间不同的情绪、氛围。

一、色彩与知觉心理效应

色彩对人的刺激会引起人的知觉心理效应。这种效应具有普遍性,但是随时间、地点和其他条件的变化而有所不同。色彩的知觉心理效应主要有以下六种。

(一)温度感

人们在处于不同的色彩环境中时,会有不同的温度感,红、黄、橙色给人温暖感,它们属于暖色系;蓝色和蓝绿色给人寒冷感,它们属于冷色系。室内设计时,可利用色彩的这种温度感来改变室内环境气氛。(见图 4-10)

(二)距离感

即使实际距离一样,采用不同的色彩给人的距离感也不同,色相和明度对距离感的影响较大。一般高明度的暖色系色彩感觉突出(逼近感),称为突出色或近感色;低明度冷色系色彩感觉后退(远离感),称为后退色或远感色。颜色随着黄、橙、赤、黄绿、绿、紫、蓝的趋势变化,让人感觉到的距离也逐渐变远。色彩的这一心理效应可用来调节室内空间尺度感。

图 4-10　色彩的温度感

（三）重量感

　　色彩具有重量感（即轻重感），明度对轻重感影响较大，明度越大，感觉越轻，同时纯度强的暖色感觉重，纯度弱的冷色感觉轻。颜色随着黑、蓝、红、橙、绿、黄、白的趋势变化，让人感觉到色彩逐渐变轻。室内设计中，顶部的色彩宜采用轻感色，底部地面的色彩应比顶部显得重一些，给人稳重和安定感。（见图 4-11 和图 4-12）

图 4-11　色彩的重量感（一）

图 4-12　色彩的重量感(二)

(四)醒目感

色彩不同,引起的人的注意程度也不同。色相对醒目感的影响最大。光色的醒目程度为:红＞蓝＞紫＞绿＞白。物体色的醒目程度是:红色＞橙色及黄色。建筑色彩的醒目感还取决于它与背景色的关系。在黑色或中灰色背景中,醒目感为红＞绿＞蓝,而在白色背景下则是蓝＞绿＞红和黄。

(五)尺度感

物体色彩不同,会给人带来不同的尺度感觉,一般明度高、纯度大的物体显得大。色彩的尺度感顺序依次为:白＞红＞黄＞灰＞绿＞蓝＞紫＞黑。(见图 4-13)

图 4-13　色彩的尺度感

(六)性格感

色彩有使人兴奋或沉静的作用,不同的色彩会使人产生不同的心理效应,如表 4-1 所示。其中色相起主

要作用,一般红、橙、黄、紫红为兴奋色;蓝、蓝绿、紫蓝为沉静色;黄绿、绿、紫为中性色。

表 4-1　不同色相色彩可能产生的心理效应

色　　相	心 理 效 应
红	积极、浓烈、喜悦、危险
橙	活泼、爽朗、温和、浪漫、成熟、丰收
黄	健康、轻快、明朗、希望、明快、光明、注意
黄绿	安慰、休息、青春、鲜嫩
绿	安静、和平、新鲜、安全、年轻
蓝绿	深远、平静、永远、凉爽、忧郁
蓝	沉静、冷静、冷漠、孤独、空旷
紫蓝	深奥、神秘、崇高、孤独
紫	庄严、不安、神秘、严肃、高贵
白	纯洁、朴素、纯粹、清爽、冷酷
灰	平凡、沉着、忧郁、中性
黑	黑暗、肃穆、严峻、不安、压迫

二、室内空间色彩应用的基本要求

在进行室内空间色彩设计时,应首先了解和色彩有密切联系的以下问题:

(1)空间的使用目的。空间具有不同的使用目的,如会议室、病房、起居室,显然在考虑色彩的要求、性格的体现、气氛的形成时注意的方面各不相同。如商业空间需要吸引顾客的目光,提高顾客的消费欲望,因此通常会选择醒目、鲜艳的空间色彩,如图 4-14 所示。

图 4-14　商业空间的色彩设计

（2）空间的大小、形式。色彩可以按不同空间大小、形式来进一步强调或削弱。

（3）空间的方位。不同方位在自然光线作用下的色彩是不同的，冷暖感也有差别，可利用色彩来进行调整。

（4）空间的使用人群。不同年龄阶段的人群（老人、儿童等），不同性别的人群，不同职业、不同爱好的人群，对色彩的要求有很大的区别，因此，色彩设计应配合居住者的喜好。例如，儿童多喜欢色彩鲜艳，纯度、明度较高的空间色彩，儿童房设计如图 4-15 所示；而老人则更喜欢沉稳素雅的空间色彩，老人房设计如图 4-16 所示。

图 4-15　儿童房

图 4-16　老人房

（5）使用者在空间内的活动及使用时间的长短。用于学习的教室，用于工业生产的车间，等等，其中的不同的活动内容，要求不同的视线条件，以提高效率、保证安全和达到舒适的目的。长时间使用的房间的色

彩对视觉的作用,应比短时间使用的房间更引起重视,对色彩的色相、纯度对比等的考虑也存在着差别。对长时间活动的空间,主要应考虑不产生视觉疲劳。

(6)空间所处的环境情况。色彩和环境有密切联系,尤其在室内,色彩的反射可以影响其他颜色。同时,不同的环境,如室外的自然景物,也能反射到室内来,故色彩还应与周围环境取得协调。

(7)使用者对于色彩的偏爱。一般说来,在符合原则的前提下,应该合理地匹配不同使用者的爱好和个性,这样才能满足使用者心理要求。

Shinei Zhaoming yu Chensha Sheji

第五章
室内陈设设计元素

> **教学目标**

使学生掌握家具的分类,以及不同家具各自有什么材质上、结构上、外观上的特点。使学生能够通过家具陈设改变空间的形态,消除室内负面的空间意象。重点帮助学生了解在室内空间中不同的家具陈设具有哪些不同功能与作用,如何烘托室内氛围与环境。

使学生了解织物的基础概念与分类,以及不同品类织物的不同作用,掌握不同种类的织物(包括窗帘、布艺沙发、床上用品等)主要运用在哪些风格的室内。

使学生学习了解装饰陈设品的分类及不同装饰陈设品的作用与功能,知道在室内空间中装饰陈设品不可多而杂或重复出现,理解将装饰陈设品摆放在合适位置的重要性。

> **教学难点**

使学生能够针对不同的空间风格进行不同的家具陈设设计,实现与众不同、因人而异的个性化需求空间。

帮助学生区分不同织物类别,运用织物在室内空间中进行陈设设计搭配,掌握在卧室里选取什么材质的织物更加舒适亲肤、在客厅选取什么类型的织物更易清洁保养等知识。

使学生在学习装饰陈设品的相关概念后,能够将其深入运用到设计实例中,针对不同的空间风格与客户的要求进行装饰陈设品的设计。主要帮助学生掌握装饰画、工艺品与绿植如何在同一空间中进行陈设点缀以满足不同的个性化设计需求。

第一节
家　具

家具是由材料、结构、外观形式和功能四种因素组成,其中功能是先导,是推动家具发展的动力;结构是主干,是实现功能的基础。这四种因素互相联系,又互相制约。家具是为了满足人们一定的物质需求和使用目的而设计与制作的。广义的家具是指人类维持正常生活、从事生产实践和开展社会活动必不可少的一类器具;狭义的家具是指在生活、工作或社会实践中供人们坐、卧或支撑与贮存物品的一类器具。(见图 5-1 和图 5-2)

图 5-1　卧室家具

图 5-2　会客区域家具

　　家具的价值除了使用价值外,更重要的是其中所蕴含的文化价值。家具往往体现着一定的社会形态、生产方式、生活习俗、人文理念、美学理念和价值理念,从而使实用性和艺术性相结合,并具有鲜明的时代特征、地方特色和民族风格,这些都是文化的体现。家具陈设设计主要是根据不同的空间环境,按照使用者的生活和精神需求选择合适的家具,精心设计出具有高舒适度、高品质、高质量的理想环境,这实际上是空间中存在的形式美的表现之一,从唯物主义的角度来说,人们会因为生存环境、所受教育、经济地位、生活习惯等产生不同的审美追求。家具陈设设计的原则就是以人为本,以家具为精神载体,投射出主人的精神世界及审美情趣。

一、家具的分类

1.按使用功能分类

(1)坐卧类:支撑整个人体并供其活动的沙发(见图 5-3)、躺椅、床凳(见图 5-4)等。

图 5-3　沙发

图 5-4　床凳

（2）凭倚类：满足人进行操作的需求的工作台、餐桌（见图 5-5）、书桌（见图 5-6）、柜台、几案等。

图 5-5　餐桌

图 5-6　书桌

（3）贮藏类：存放和展示物品的衣柜（见图 5-7）、书架、搁板（见图 5-8）、斗柜等。

图 5-7　衣柜

图 5-8　搁板(酒柜)

2. 按使用场所分类

(1)办公家具。

设置现代化办公室是现代企业实际运行需要,是反映企业形象、进行经营营销的需要。因为要反映企业文化、精神、品质、规模和经济实力,选择现代办公家具既要考虑实用性,又要考虑艺术性。办公家具(见图 5-9)由于其特殊性,也被称为系统家具。如今,一般国内的普通办公场所都由家具来做区域分隔,所以办公家具在今天越来越体现出其重要性。除了其功能性和便捷性外,科学性和美观性也成为今天办公家具设计追求的目标之一。

(2)商业家具。

商业家具是城市公共建筑中量最大、面最广的一个类型,它从侧面反映城市的物质经济生活和精神文化风貌,是城市社会经济的窗口。我国商品经济和市场的发展,使购物已经成为人们日常生活中不可缺少的内容。顾客购物行为反映的是人类心理活动,这是设计者和经营者必须了解的基本内容,设计者和经营者应通过认真分析后考虑设计和经营的对策。作为商业室内空间,最重要的是其内部应有合理的、令人愉悦的铺面布置,以及可激发人们购物欲望和方便购物的室内环境。(见图 5-10)

图 5-9　办公家具

图 5-10　眼镜店家具

　　商业家具作为商业空间必需的一个部分,其作用是分隔、组织和引导空间,展示、收纳商品,体现环境和艺术需求等。另外,在商业内部的休息区、洽谈区、商品试用区等也可设置具有民用家具性质和作用的家具系列。

　　在商业家具的设计上,由于必须达到全面突出展示商品的目的,家具平面多采用敞开或以玻璃、镜子等为主要表面的处理方式,有的还会加上特殊的照明效果。

（3）民用家具。

民用家具的设计,通常以生活的基本要素,如衣、食、住、行、用为主;现在,除了满足自身功能需求外,人们对家具的艺术欣赏的要求也在不断提高,各种风格、款式、材料的家具相继出现在民用家具范畴之内,以至于民用家具已趋向全面多元化发展,衍生出酒店家具中的民用家具、商业家具中的民用家具等多个子类别。许多模式下的家具分类都可以从民用家具这一总体中找到相关的类别。(见图 5-11)

图 5-11　民用家具

3. 按结构形式分类

（1）框式家具:以榫接合为主要特点,木方通过榫接合构成承重框架,围合的板件辐射于框架之上,一般一次性装配而成,便于拆装。

（2）板式家具:以人造板为主要基材、以板件为基本结构的拆装组合式家具。有可拆和不可拆之分。

（3）拆装家具:用各种连接件或插接结构组装而成的可以反复拆装的家具。

（4）折叠家具:能够折叠使用并且叠放的家具,适用于小户型空间,便于携带、存放和运输,如图 5-12 和图 5-13 所示。

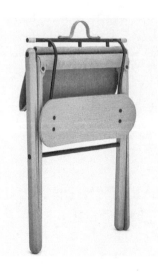

图 5-12　折叠家具折叠后　　　　　图 5-13　折叠家具展开后

（5）多功能家具：利用抽拉、翻转、折叠的变化满足不同功能的需要。

（6）树根家具：以自然形态的树根、树枝、藤木等天然材料为原材料，略加雕琢后经上漆、抛光、钉接、整修而成的家具，如图5-14所示。

（7）曲木家具：以实木弯曲或多层单板胶合弯曲而制成的家具。具有造型别致、轻巧、美观的优点。

4. 按使用材料分类

（1）实木家具。

从普通消费者的角度去理解，实木家具就是用真正的木材做的，而且整个家具都是原木的，但真正的此类家具在市场上往往价格不菲。对于家具界来说，实木家具也包括由部分的实木加部分的芯板基材、原木皮贴合而成的家具。根据人们的经验和习惯，可以确定实木家具的一般概念，即采用了木榫框架结构，以自然木材为主体，配有人造板等材料制作而成的家具。（见图5-15和图5-16）

图 5-14　树根家具

图 5-15　明清实木座椅（实木家具）

现在实木家具除极少量是全部用自然木材制作，绝大部分是仅主体或结构主要部位为自然木材构成，其余为人造板材和原木贴皮制成，其特点是既保持了纯自然原木的美丽纹理，又避免了木材大面积使用造成的不必要的浪费，既提高了木材的利用率，又不失家具外观的高雅富贵，同时又相应降低了实木家具在市场中的价格。

实木家具在家具市场中的地位是较高的，除了价格因素，其主要有以下特点：

①体现原色，天然、健康。实木家具之所以长盛不衰，也是因为它的原木色和真实自然的纹理（见图5-17）。

②设计时尚又多样。如今市场上不仅有传统的中式实木家具，还有种类多样、设计新颖的新中式实木家具，在设计上突出极简主义，但又保留了实木家具的稳重、高雅的特色。

③对环境有一定要求。由于含水率的变化会导致实木家具变形，实木家具不能被阳光直射，设置实木家具的室内温度不宜过高或过低。打理、存放方面的问题成为实木家具发展的瓶颈。

④具有独特的表面处理方式。油漆处理方式是实木家具比较独特的表面处理方式，每一件合格的实木

家具外部都会经过 8～16 道油漆处理步骤，从而保证其外观完整、油漆完全封闭。

图 5-16　人造板材家具（实木家具）

图 5-17　实木家具上真实自然的纹理

（2）塑料家具。

　　塑料家具是以 PVC 即聚氯乙烯为主材的家具。由于该材料本身很轻、耐水、表面易清洁、色彩斑斓，且具有很强的可塑性，所以塑料家具不论从其外形还是价格上都极易被消费者所接受。塑料家具风格多变，其圆滑的弧线与有个性的直线条相得益彰，可使整个室内空间变得更加灵动轻盈，但不适合在古典风格的室内空间中出现。（见图 5-18）

图 5-18　PVC 座椅（塑料家具）

（3）软体家具。

软体家具是由软体材料结合表层材料组合而成的家具。常见的软体家具多由弹簧、海绵、丝绵以及太空记忆棉作为填充,面层材料有皮革、布料、塑胶等。由于此类家具表面与人体接触时较为舒适,能够减轻人们使用过程中由于身体压力过于集中而产生的酸痛之感,所以常供人休息使用,如沙发、休闲椅或卧具。软体家具历史悠久,造型多变,适合使用在各类室内空间中,可根据具体的室内空间风格选用适合的软体家具。(见图5-19)

图 5-19　巴塞罗那椅(软体家具)

（4）竹藤家具。

竹藤家具是以竹、藤为主材制作的家具,不仅具有木质家具质量轻、强度高及自然纯朴的特质,而且其超强的弹性与韧性更易编织出独具创意的造型,尤其在夏季较为湿潮的地区是最佳选择。常用于制作竹藤家具的材料有毛竹、慈竹、紫竹、黄古竹及土藤、广藤等。竹藤家具具有地域特征和休闲气质,适合使用在南方地区和度假酒店类的空间。(见图5-20)

（5）金属家具。

凡以金属管材、板材或棍材等作为主架构的家具和完全由金属材料制作的家具,统称为金属家具。对金属家具中所用的金属材料多数要使用冲压、锻、铸、模压、弯曲、焊接等加工工艺,同时配合电镀、喷涂、敷塑等表面处理方式。由于金属材质自身极富现代气息,又耐腐耐磨,所以金属家具在公共空间中备受宠爱。但是金属家具也伴有导热较快的缺陷,因此在其与人体接触部位,如座椅面或桌面处,都会配有木、藤、皮革等材料,以使其更人性化。纯金属家具多使用在略带复古工业风格或极其现代的简约

图 5-20　竹藤家具

风格空间中。(见图 5-21)

图 5-21　金属家具

二、家具的功能与作用

功能是设计家具的重点,是先导,是推动家具发展的源动力。设计师在进行家具设计时,首先应从家具所要呈现的功能角度出发,对设计对象进行分析,由此来决定家具的形式。由此可见,功能决定着家具的形式,形式表现着家具的功能要求,在满足功能要求的基础上,合理的内在形式和美观的外在形式,能够更好地实现和表达其各种功能。家具可以让人们更有效地利用空间,如图 5-22 所示,合理、规律地整理、存放物品,而且起到美化空间的作用,还可以让人们的生活更舒适。根据不同家具的属性、特征,从不同功能角度出发,主要可以把家具的功能分为装饰功能和使用功能。以下分别从这两个角度来看不同功能的家具在空间中起到什么不同的作用。

1. 装饰功能的作用

(1)强调空间气氛。

家具的配置和展示实际上是一种时尚、传统、审美的符号和视觉艺术的传递,或者说是一种情趣、意境,一种向往的物化。家具以其特有的体量和面积、造型、色彩与材质对室内空间的气氛产生影响。可见,家具在环境和情调的创造上担任重要的角色。(见图 5-23)

图 5-22　根据家具功能区分和利用空间

图 5-23　家具营造的空间氛围

（2）体现多彩的风格特征，如图 5-24 所示。

家具的外观造型可谓多种多样，从现代工业设计批量生产制造出的线条简约型的现代风格造型，到具有强烈东南亚热带风格的造型，从非洲独特的原始部落文化象征的造型，到以中国、日本为代表的东方文化象征的造型，无不体现出家具陈设的无限魅力。可以这样认为，建筑的历史就是家具的历史，室内设计风格，也就是家具应具备的风格，两者必须达到统一协调。

图 5-24　家具体现多彩的风格特征

（3）成为视觉的焦点。

成为视觉焦点的家具陈设，往往是特指那些极具装饰性、艺术性、地方特色的单品家具和现代设计师们设计的个性独特的家具，它们或以历史的沉淀、或以造型的优美、或以色彩的斑斓而容易成为室内环境中视觉的焦点，在室内环境设计中往往被放置在视觉的中心点上，如图 5-25 所示的灯具。

在应用人体工程学的基础上，充分利用和发挥材料本身的性能和特色，根据不同场合、不同性质的使用要求和建筑有机结合，发扬传统家具特色，舍弃糟粕、留其精华，创造出具有时代感、民族感的现代家具，是我们努力的方向。（见图 5-26）

图 5-25　成为视觉焦点的灯具

图 5-26　传统与现代结合的家具

2. 使用功能的作用

(1)明确使用功能,识别空间性质。

室内空间的功能划分可以通过家具的设置来实现。例如居家空间中床、床头柜、衣柜等的摆放,形成了卧室休息空间的框架(见图 5-27);商业空间中沙发与茶几的围合,形成了一个半集中式的洽谈空间。利用家具陈设进行空间分隔是传统室内设计中常用的手法,合理的家具布局可以提高空间利用率和使用灵活度,人只有在与自己身体比例协调、具有一定的私密性和安全性的空间内,才能感到舒适安逸,因此,因地制宜是家具陈设设计的原则。

图 5-27　卧室休息空间的框架

(2)利用空间、组织空间。

利用家具来分隔空间是室内设计中的一个主要内容,在许多设计中得到了广泛利用,如在办公室中利用家具单元——沙发等进行分隔和布置;在住宅设计中,利用壁柜来分隔房间;在餐饮空间中利用桌椅来分隔用餐区和通道(见图 5-28);在商场、营业场所利用货柜、货架、陈列柜来划分不同性质营业区域(见图 5-29)等。因此,应该把室内空间划分和家具结合起来考虑,在可能的情况下,还可以通过家具的灵活变化达到适应不同功能要求的目的。室内交通组织的优劣,全依赖于家具布置的水准,同时家具陈设布置还应当考虑人与出入口之间的关系。

(3)建立情趣、创造氛围。

由于家具在室内空间中重要性比较突出,因此家具成为室内空间设计中的重要角色。历来人们对家具除了注意其使用功能外,还利用各种艺术手段,通过家具的形象来表达某种思想和内涵。家具和建筑一样受到各种文化思潮和流派的影响,自古至今,千姿百态,无奇不有。(见图 5-30)

家具既是实用品,也是一种艺术品,这也为大家所达成共识。家具设计作为一门单独的学科,在我国目前才刚刚起步,还有待于进一步发展和提高。陈设设计师应充分了解客户的想法和审美情趣,对客户偏好进行引导,结合客户喜好的事物进行设计构思,最后展现的家具陈设和室内空间都应是可以彰显主人生活和审美情趣的。

图 5-28　餐饮空间桌椅与通道设计

图 5-29　商业空间陈列柜分区

图 5-30　后现代风格室内陈设

三、家具的陈设选择及设计原则

（1）满足使用与陈列的需要。在选择、摆放陈列品时，首先考虑满足使用需要，还应注意不能影响空间的正常使用。艺术陈列品要与周围风格搭配，并且也要便于保存。如玻璃等易碎、易坏的工艺品，不应放置在人流较大或小孩子易触碰到的地方；在卫生间等潮湿的地方不能悬挂字画等。

（2）陈设应围绕家具进行布置，起到丰富空间、烘托家具的作用。陈列品大小、材料、颜色、造型的选择都要与家具的体量、风格、材质、款式相搭配。例如，在简约风格的家具上可以放置大量的陈设来美化和衬托家具，如图 5-31 所示；而在高档的欧式或中式家具上搭配陈设品就要相对谨慎一些。

（3）既要风格统一，又要变化丰富、重点突出。在选择和布置陈设品时，应综合考虑空间的总体格调、陈设与家具、陈设与陈设之间的相互关系。应保持陈设品的风格与整体相统一，同时还应该使陈设品富于变化。在摆放的时候，应将视觉冲击力强的陈列品放置于显眼的地方，从而保证变化丰富而不杂乱、和谐统一而不单调的空间效果，营造出自然和谐、极具生命力的"统一与变化"，进一步提升空间环境的品位。

（4）构图均衡，比例协调。配置陈设品时，应注意陈设品间构图关系的均衡。对称的均衡（见图 5-32）给人以严谨、庄严之感，不对称的均衡则能获得生动、活泼的艺术效果。同时还应注意，陈设品与室内空间的比例关系要恰当，室内陈设品过大，常使空间显得小而拥挤；过小又使室内空间显得过于空旷，产生不协调的感觉。

图 5-31　陈设品与简约风格的家具相配

图 5-32　对称均衡的家具陈设

第二节
织　　物

织物陈设通俗称为"布艺"，从窗帘、布艺沙发、靠包、地毯、壁挂，到床上用品、桌饰都可以囊括其中。织物在室内陈设设计体系中的比重仅次于家具和灯具。织物陈设应自然、柔和、健康，并且图形和色彩独特，是室内设计风格的延展，不同的材质、图案给人不同的视觉享受。在一些空间中，布艺只作为点缀性的装饰

出现;对于私密性较强的空间,以布艺为主则可塑造出应有的温暖感受。(见图 5-33)

图 5-33　织物陈设

一、织物的分类

1. 窗帘

窗帘在织物陈设中占比最大,常常可作为独立项目进行设计和搭配。窗帘种类繁多,但大体可归为成品帘和布艺帘两大类。

(1)成品帘。

成品帘主要有卷帘、百叶帘(见图 5-34)、褶帘等。

(2)布艺帘。

布艺帘是装饰布经设计缝纫而做成的窗帘,常用的窗帘布料有棉、麻、丝、雪尼尔、绒、混纺等。布艺帘通常由帘体、辅料、配件三大部分组成。帘体由帘头、布帘、纱帘三部分组成;辅料由布带、衬布、流苏、花边等组成;配件有轨道、罗马杆、挂钩、绑带、配重物等。(见图 5-35)

2. 床品

织物陈设中的床品对于空间有柔化作用,柔软的床品不仅可以给室内空间带来温暖,更能给人带来身体上的舒适与精神上的满足。通过私密空间所展现的家纺材质和色彩,也可以看出一个人的性格及精神追求。

图 5-34　百叶帘　　　　　　　　　　　　图 5-35　欧式布艺帘

（1）床上用品。

织物陈设中的床品设计可借鉴色彩心理学。如选用色彩对比度高的床上用品，适合表现热情四射、充满活力的风情；追求质感柔软、床品舒适且有少量碎花图案的风格设计，则能体现文艺清新、富有情调的感觉。近年受日系风、北欧风的影响演变出的现代简约风的床品（见图 5-36），同样成为城市青年的主流优选对象。床上用品不仅展现出了年轻人的独立个性，更代表了一种生活方式。素雅禅意风格的床品则可以体现使用者在生活中可能比较严谨，自律性极高，抑或喜欢简单的生活方式。这就是陈设设计师在面对客户的时候需要掌握的一部分内容，设计的初衷就是以人为本，从人性化的角度去做方案，才能让客户体会到陈设设计的魅力所在。

（2）床旗。

床旗是根据床品的设计风格整体进行搭配的，起到点缀、增加亮点的作用。床旗体现的是一种庄严感。床旗在普通人眼中仅仅只是起装饰作用，但在历史上床旗是一种尊贵的象征。在历史上的欧洲国家，仅有王公贵族才能使用各式精美秀丽的床旗，而普通商人家仅仅使用蕾丝碎花样式的床旗，因此从不同样式的床旗可以看出某个家庭的生活水平。在现代的各大度假酒店中床旗被广泛使用。这种从英式礼仪中一直流传下来的传统，如今更多地代表了酒店对顾客的重视，以及一种干净、整洁的象征。（见图 5-37）

3. 地毯

地毯在室内环境中是一种衬托家具、呼应设计理念、以装饰为主导的物件。作为传统手工艺品，它的历史可以追溯到 3000 多年前，有实物可考证的有 2000 多年的历史。它早先起源于西北游牧民族的生活需要，

图 5-36　北欧简约风床上用品

图 5-37　棉麻床旗

通过丝绸之路及与中东的交往,逐渐形成了卓越的古代地毯艺术。

　　地毯的作用不仅仅在于增加居住环境的舒适度,更重要的是装饰作用。在单一的地板或地砖上铺上一层打破原有直线条造型的地毯,可让生活更加充满温馨感。地毯的花形可以摆脱家装风格的束缚,让氛围不显紧绷。同时它也是区域划分的软性分割线,简化了硬装的不可能性。地毯的材质主要有羊毛、混纺(见图 5-38)、化纤、塑料等。图案、颜色上也有条纹、几何图案(见图 5-39)、欧式雕花、纯色、渐变等。

图 5-38　混纺地毯

图 5-39　几何图案地毯

二、织物的功能

室内织物陈设具有实用性和观赏性两大功能。远古时期人剥取兽类皮毛用于保暖防寒,在棉、布等更为容易得到的材料被普遍运用后,兽类皮毛便升级作装饰点缀之用。现今,织物陈设中运用最广的第一种是床上用品,包括被单、被罩、床垫、枕头、被子、抱枕、毛毯等,如图 5-40 所示。第二种是覆盖类织物,目的是覆盖家具表面,起到保护和装饰的作用,比如沙发(见图 5-41)、桌椅的表面覆盖的织物。织物和家具的优质搭配会带来"一加一大于二"的空间效果。第三种是窗帘帷幔类织物,一般起到遮光、挡尘、吸热和隔断的作用,是生活中必不可少的一类陈设品。另外,还有壁面装饰类织物、地面铺装类织物和布艺装饰品织物等。比如地毯,可以提高舒适度或起小面积装饰作用。布艺品例如挂饰,可用作点缀。

图 5-40　织物抱枕与毛毯　　　　　　　　　　　　　　图 5-41　布艺沙发

三、织物的陈设选择和设计原则

织物陈设的选择由不同的属性要求决定,例如在窗帘陈设的选择上可以根据不同的季节和个人喜好来满足不同时期、不同人群的要求。在设计原则方面,不同的织物类型也有不同的要求。例如在设计窗帘陈设时,需要注重隐私的保护,不同的空间中隐私标准也不同,卧室相对而言就比客厅、餐厅的隐私性要求更高。半开放区域窗帘可能仅仅是起到美化空间的作用,而相对私人的卧室区域则需要隔音、遮光效果较好的窗帘。适当厚度的窗帘可以改善室内混响效果,有利于吸收部分噪声,改善室内声音环境,隔绝声音污染。虽然不能像隔音棉一样吸收率高,但适当的窗帘能在夜晚起到一定的安神作用。浴室等相对潮湿的区域自然会以百叶窗、卷帘为首选。另外,还需注意窗帘具有的装饰作用,好的窗帘设计会给室内增光添彩,升华价值感和美感。

第三节
装饰陈设品

一、装饰画

　　装饰画在室内陈设设计体系中占有一定的比重,是集审美、材料、工艺于一体的造型艺术与科学技术的结晶,是时代精神与物质文明的反映,以具有强烈的时代气息、独特的思想内涵和个性化的艺术表现等为特征。装饰画在现代室内装饰设计中起很重要的作用,装饰画没有好坏之分,只有合适与不合适的区别。软装设计师应具备适当的装饰画知识,认识和熟悉各种字画的历史、色彩、工艺和装裱方式,熟练掌握各种装饰画的运用技巧和陈设方式,通过合理的搭配和选择,将不同类型的装饰品应用于适当的室内空间中。(见图 5-42)

图 5-42　装饰画陈设

1. 装饰画的分类

(1)中国画。

　　中国画简称国画,作为我国琴、棋、书、画四艺之一,具有悠久历史。中国画的表现形式重神似、不重形似,"气韵生动"是中国绘画的精神所在,强调观察总结,不强调现场临摹;运用散点透视法,不用焦点透视法,重视意境、不重视场景。

　　中国画按题材分为人物画、山水画、花鸟画、民俗画;按表现方法分为写意画和工笔画。较为常见的室内陈设品为山水画和花鸟画,一般在中式风格和新中式风格的室内空间中较为常见,与整个环境空间和谐

统一。（见图 5-43 和图 5-44）

图 5-43　水墨中国画背景墙

图 5-44　山水画陈设

中国画的陈设设计展现形式不仅仅局限于画框，还包括扇面、屏风等，注重整个环境的营造，与整个空间协调，同时在不同的空间类型中也有不同的运用。例如在室内居家空间中可能会出现扇面装饰的作品；在半开放的公众场合，例如茶馆、餐厅类的商业空间中可能会出现屏风、手卷等展示形式来营造整个商业空间中的氛围。

（2）西方绘画。

西方绘画包括油画、水粉画、版画、素描等画种。西方绘画和中国画最大的区别就是，西方绘画是一种"再现"艺术，追求对象和环境的真实。西方绘画作为一门独立的艺术，画家们从科学的角度来探寻形成造型艺术美的根据，不仅用摹仿学说作为传统理论的主导，也加入了透视学、艺术解剖学和色彩学，重点分析和阐述事物的具象和抽象形式。（见图 5-45）

现代装饰设计中，各种风格的室内都可以用到油画作品，但是油画作品的选择具有很强的专业性。软装设计师应该从画作与室内装饰的风格、色彩是否合适的角度去选择，选择合适的装饰油画才能为居室添

图 5-45　抽象油画

光彩,否则适得其反。

　　居室内最好选择同种风格的装饰油画,也可以偶尔使用一两幅风格截然不同的装饰油画做点缀,但不可太乱,另外,如装饰油画特别显眼,同时风格十分明显,具有强烈的视觉冲击力,那最好按其风格来搭配家具、坐垫等,色彩上和室内的墙面、家具有呼应,不显得孤立。假如是深沉、沉重的家具式样,就要选与之协调的古朴素雅的画作。若是明亮简洁的家具和装修,最好选择活泼、温馨、前卫、抽象的画作。(见图 5-46)

　　(3)现代装饰画。

　　现代装饰画品种繁多、风格多样,现代社会的开放也造就了丰富多彩的装饰画品种,在新材料、新技术、新创意的驱使下,现代艺术家们几乎可以利用所有物品和元素去创作装饰画。现代装饰画按照艺术门类可以分为以下几类:①占主流的印刷品装饰画,因其制作方便,造价相对便宜,市场占有率最高,如图 5-47 所示;②实物装裱装饰画,它以一些实物作为装裱内容,其中一些具有中国民俗特色的作品颇受设计师青睐;③手绘装饰画,艺术价值很高,价格也相对昂贵,特别是名家作品,适合收藏,如图 5-48 所示。

　　(4)墙绘。

　　对于墙绘艺术而言,它可用的材料在不断扩充,以适应不同空间环境和氛围。材料的广泛性也因此被视为现代墙绘艺术的特征之一。墙绘艺术创作的材料,有天然的和人造的、暖性的和冷性的、光面的和有肌理的等。不同的材料具有不同的艺术语言,选择运用时应考虑其具体的作用并加以把握。(见图 5-49 和图 5-50)

图 5-46　装饰画与环境呼应

图 5-47　印刷品装饰画

图 5-48　手绘装饰画

图 5-49　室内墙绘艺术

图 5-50　室外墙绘艺术

由于墙绘艺术附着于墙面,其材料需要具有稳定性强、耐热、抗腐蚀、抗潮、不易褪色等性能。现代常见的墙绘艺术的类型有丙烯墙艺、湿壁画、漆画墙艺等,它们的创作材料也千差万别。

墙绘艺术的风格与室内空间关系也十分紧密,由于现代室内居住空间环境的多样化,墙绘艺术的风格也随之多元化。缤纷多彩的墙绘让人眼花缭乱,其风格可大致总结为动和静、简和繁、雅和俗、新和古这几种。“动”即墙绘艺术中动感的绘画艺术,不仅是指在图形的选择上选用较有动势的图案,也指墙绘艺术创作时的流线型动势设计。“静”即选取静态的设计图案绘制于墙面之上,美好的画面用安静的形式展现,以此衬托出室内空间环境静谧祥和的氛围。“简”即实用简洁,体现清新优雅。“繁”即繁复而细腻的室内空间墙绘,体现出图形的写实和逼真。“雅”与“俗”允分体现大俗即大雅。“新”与“古”即指从事墙绘艺术创作的设计师和画师艺术水平要高,绘画功底要深厚,丰富的想象力是创作和设计的源泉,而好的墙绘艺术也要“新”的与时俱进、“古”的深厚底蕴,这样才能达到意想不到的绝妙意境,不然易于陷入概念化。

2. 装饰画在陈设设计中的设计原则

(1)风格搭配,合理舒适。

在装饰画类型题材的选择上需要与室内设计风格相匹配,这样在视觉效果上才能达到高度的和谐统一。例如中式风格空间可以选择书法作品、国画、漆画、金箔画等;现代简约风格可以搭配一些现代题材或抽象题材的装饰画;前卫时尚风格空间,可搭配抽象题材的装饰画;田园风格空间,可搭配花卉或风景等装饰画;欧式古典风格,可搭配西方古典油画。在装饰画材质的选择上也要谨小慎微,细节可以帮助陈设设计的整体更显和谐舒适,例如一般星级酒店和别墅会用木线条画框装饰画,框条的颜色还可以根据画面的需要进行调整,如图 5-51 所示。

(2)宁少毋多,宁缺毋滥。

装饰画的选择坚持“宁少毋多,宁缺毋滥”的原则,在一个空间环境里形成了一两个视觉点就够了。如果在一个视觉空间里,同时要安排几幅画,必须考虑它们之间的疏密关系和内在的联系,关系密切的几幅画可以按照组的形式排列。

(3)位置合适,空间协调。

装饰画放置的位置会直接影响到空间的协调性,首先要注意不同空间中不同位置的选择,选择开阔地

图 5-51　装饰画框与整体环境和谐

带,避开角落、阴影处;其次是注意控制装饰画放置的高度,为了便于欣赏,可以根据装饰画幅的大小、类型、内容来进行操作,设计时以黄金分割线以及观者的身高为参考进行微调,找到合适的位置进行摆放,使整个陈设空间的视觉效果更显舒适,如图 5-52 所示。

图 5-52　位置合适的装饰画摆放

二、工艺品

　　早在很久以前，人们就开始学习制造工具或利用各种简单的饰品——工艺品来美化生活，工艺品的历史悠久深远。在现代生活中，工艺品的作用更加凸显，它在室内陈设设计中起到润色作用，利用它可以表现室内空间的主题，烘托环境的氛围，构成环境的主要景观点。

1. 工艺品的分类

　　（1）陶瓷工艺品。

　　陶瓷工艺品有花瓶、园林器皿、相框、壁画等。按照颜色和质地区分，陶瓷工艺品又可分为红陶、彩陶、黑陶、灰陶等种类工艺品。灰陶花瓶如图 5-53 所示。

图 5-53　灰陶花瓶

　　（2）金属工艺品。

　　金属工艺品即用金、银、铜、铁、锡等金属材料，或以金属材料为主，辅以其他材料，加工制作而成的工艺品，具有厚重、雄浑、华贵、典雅、精细的风格。金属工艺品（见图 5-54）适合不同风格的室内陈设场景。

　　（3）针织挂毯工艺品。

　　针织挂毯工艺品不仅可以美化装饰室内环境，它所展现出的时代特征又使得这一艺术品具有一定的收藏价值。自然的色彩和温暖的质感使其成为室内装饰很受欢迎的工艺品。冰冷的砖石和混凝土砌成的墙面，在毛、麻、纤维的映衬下，也变得温暖亲切。（见图 5-55）

图 5-54　金属工艺品

图 5-55　波希米亚风挂毯

（4）雕刻工艺品。

雕刻在中国艺术史上占有重要地位。雕塑工艺品的品种很多,竹、木、石等材料都可以用来雕刻,此类工艺品风格多变,有的简洁流畅,有的典雅娴静,有的古朴浑厚,是在室内陈设艺术中适合大量使用的工艺品。（见图5-56）

2. 工艺品陈设的摆放方式

（1）格调统一,切忌杂乱。

摆设工艺品时需注意与室内整体环境协调,不同空间所摆设的工艺品也应不同,例如客厅和书房应选择稳重、高雅、带有文化气息的工艺品,或是结合主人的职业与爱好来摆设。不仅如此,室内工艺品也应与其相邻的陈设家具协调。

（2）比例协调,有主有次。

工艺品的陈设布置应主次分明、突出重点,摆设

图 5-56　雕刻工艺品

时要高的在内部、低的在外部,也可结合家具的大小比例进行调整。例如大墙面中的小工艺品能起到点缀作用,处理好了宛如画龙点睛,所以应该把小工艺品放置在大墙面上最易牵引视线的位置;而大墙面上的大工艺品,则有一种统治感和领域感,如大幅壁挂,其中的主题情调将会感染人的情绪,使人有身临其境之感。另外,陈设工艺品需注意视觉均衡,可以采用对称的办法,但过多采用对称则会导致呆板平淡。所以,换种方式,运用陈设空间中的各种物品,包括家具、灯具等,来获取一种分量上的均衡,是一种更巧妙的设计手段。（见图5-57）

图 5-57　比例协调的工艺品陈设

三、花艺绿植

1. 花艺绿植陈设的功能与作用

室内陈设的基本目的一方面是要实现使用功能,合理提高室内环境的物质水准;另一方面是要起到抚慰人心、陶冶情操的作用,使人从精神上得到满足,提高室内空间的生理和心理环境质量。

(1)美化室内环境。

花艺绿植对室内环境的美化作用主要有两个方面:一是植物本身的美,包括它的色彩、形态和芳香;二是通过植物与室内环境的恰当组合、有机配置,从色彩、形态、质感等方面产生鲜明的对比,而形成美的环境。植物的自然形态有助于打破室内装饰直线条的呆板与生硬,通过植物的柔化作用可补充色彩,美化空间,使室内空间充满生机。(见图 5-58)

图 5-58　花艺绿植美化空间

花艺绿植具有过渡、延伸室内空间,提示、引导、调整室内空间,限定、分隔空间,突出空间重点的作用。

花艺绿植柔美的线条、自然的色彩、旺盛的生机,可柔化建筑中冰冷的金属制品、刻板的瓷砖地面等的僵硬的几何形体和线条。如乔木或灌木可以其柔软的枝叶覆盖室内的大部分空间;藤蔓植物可由上而下垂吊在墙面、柜、橱上;大型观叶植物可放置在墙边、沙发旁,视觉上改变家具等的外轮廓,从而打破呆板的人工几何形室内空间形式,起到柔化空间的作用。(见图 5-59)

(2)净化空间和调节室内小气候。

现代科学已经证明,花艺绿植具有相当重要的生态功能,良好的室内绿化能净化室内空气,调节室内温度与湿度,有利于人体健康。植物进行光合作用时蒸发水分,吸收二氧化碳,释放出氧气,部分植物还可吸收有害气体,分泌挥化性物质,杀灭空气中的细菌。

(3)陶冶情操,修养身心。

人的大部分时间是在室内度过的,室内环境封闭而单调,会使人失去与大自然的亲近。人性本能地对大自然有着强烈的向往。随着现代社会生活节奏的加快和工作竞争的加剧,人们的精神压力也不断加大,

图 5-59　花艺绿植柔化空间

加上城市生活的喧闹,使人们更加渴望生活的宁静与和谐,所以人们都希望拥有一个属于自己温馨舒适的小天地,这个愿望可以通过室内绿化来实现,如图 5-60 和图 5-61 所示。

图 5-60　利用花艺绿植打造温馨舒适的小天地

图 5-61　利用花艺植物创造宁静氛围

　　自然界存活至今的植物与动物都是自然选择的结果,都是生命的强者。植物的生长过程是争取生存并与自然环境抗争的过程,其形态是天然形成的,它的美是一种自然美,人们在观赏的过程中可得到启迪,进而更加热爱生命,热爱自然,以达到陶冶情操、净化心灵的目的。

　　室内布置一定量的绿色植物,可形成室内的绿化空间,缓解工作、学习带来的压力,解除疲劳,使人心旷神怡。此外,人们对不同植物、花卉均赋予了一定的象征意义,比如紫罗兰喻忠实永恒,百合花喻纯洁,郁金香喻名誉等。

2. 花艺绿植陈设的设计原则

（1）美学原则。

①整体布局,和谐统一。

　　花艺绿植陈设设计应根据室内其他陈设物的数量、色彩、装饰格调等不同情况,进行全面考虑,做到布局合理,使绿色植物在室内设计中起到锦上添花、赏心悦目的作用。如果陈设多方位、多层次空间的绿化装饰,每一个单一的空间还必须统一在整体布局之中,以避免出现同类植物等重复,要使人感到有节奏、有韵律,形成一个富有变化的自然景观。同时还应注意,造型别致的盆景不应与观叶类植物、茎藤类植物同放,且在视觉上乔木和灌木有着不同的形态特征。室内绿化在室内设计中多作为衬景使用。室内某一区域不便放置其他物品时,可摆放一些植物,但要与周围环境和谐统一,不能生硬摆放。因此,要尽量利用室内周边、死角、拐弯及空闲之处设置花艺绿植来衬托其他物品,或与其他物品共同形成视觉中心。如果室内空间狭小,绿植则宜"占天不占地",多用悬挂式,在顶棚、墙壁、石柱、框架、橱顶等处放置悬垂植物。一般而言,植物不宜放置在居室正中,以防限制室内活动范围或遮挡视线。另外,用于室内绿化的植物品种宜简不宜繁,品种繁多显得杂乱无章,植物配置以相对集中为好,外形宜简洁统一,在整体上要注意与墙面、地面、家具色彩及空间大小相协调。(见图 5-62)

图 5-62　角落摆放的绿植盆栽

　　②比例协调,主次分明。

　　在同一空间中,要有主景和配景之分。主景是装饰布置的核心,其位置要突出,主景植物要特别而有艺术魅力才能吸引人,给人留下深刻的印象,因此,通常选用珍稀植物或形态奇特、姿色优美、色调高雅、较大的植物作为主景,以形成视觉中心。配景是从属部分,有别于主景,可用同族类植物在体积、大小的变化上进行调节,但又必须与主景协调,在造型上不能反差太大,这样才能既主次分明,又中心突出。此外,还要注意植物形态与空间和配置物的比例协调。如果在一个大空间里放置的是盆花,小而不易引人注目,即便很优美,也不会收到应有的效果。相反,在一个小空间放置大盆花,又会把一个优雅的空间变得狭小拥挤,失去雅致。小植株不宜用大盆,大盆花不要配置小台桌,否则比例不协调,整体效果也会大打折扣。另外,花盆的质地也相当重要,名贵花木或枝叶丰肥、光泽度好的植物,可用造型端庄、做工精细、富贵气派的花盆栽种,而细叶及茎藤类植物可用造型典雅、古韵十足的紫砂盆栽种,观叶类的植物吸水性强,可放在玻璃器皿内,根须在水中生长,与亭亭玉立的枝叶形成鲜明对比,更增添几分情趣。(见图 5-63)

　　(2)实用原则。

　　室内绿化装饰必须符合功能的要求,要实用,这是室内绿化装饰的另一个重要原则。要做到绿化的装饰美学效果与实用效果的高度统一,如书房是读书和写作的场所,应以摆设清秀和典雅的绿色植物为主,以创造一个安宁、优雅、静谧的环境,人在学习间隙举目放松时,可让绿色调节视力,缓解疲劳,起到镇静悦目

图 5-63　放在玻璃器皿中的花卉与盆栽的植物

的效果,而不宜摆设色彩鲜艳的花卉。(见图 5-64)

图 5-64　书房的绿化装饰

(3)经济原则。

室内花艺绿植陈设设计除要注意美学原则和实用原则外,还要求绿化装饰的方式做到经济可行,而且能保持长久。设计布置时根据室内结构、建筑装修和室内配置器物的水平,选配合乎经济水平的档次和格调,使室内"软装饰"和"硬装饰"相协调。同时要根据室内环境特点选择相应的室内观叶植物及装饰器物,使装饰效果保持较长时间。

3. 花艺绿植陈设在居室中的布局方式

(1)点状分布。

所谓点状分布是指独立或组成单元集中布置的植物布局方式,可起到增加室内层次感、点缀空间的作用。因此,在植物的选择上,要注意其形态、色彩、质地、植株大小,使其与空间构图、周围环境相协调,使点式绿化布置清晰而突出。

(2)线状分布。

线状分布指绿化布置呈线状排列的布置方式。线状分布的主要作用为组织室内空间,并且对空间有提示和指向作用。常用数盆花木排列于窗台、阳台、台阶或厅堂的花槽内,组成带式、折线式或呈方形、回纹形,起到区分室内不同功能、组织空间、调整光线等作用。

(3)面状分布。

面状分布有规则式和自由式两种形态,多用于大面积空间,植物在室内空间成片,且有丰富多变的层次,形成面的布置方式。它给人以大面积的整体视觉效果,能用来遮挡空间中有碍观瞻的东西,形成空间内的重要景观点。(见图 5-65)

4. 花艺绿植布置的基本手法

室内绿化装饰方式除要根据植物材料的形态、色彩及生长习性进行选择外,还要依据室内空间的大小、光线的强弱、季节变化以及气氛而定。其布置方法和形式多样,主要有陈列式、攀附式、悬垂吊挂式、壁挂式、栽植式等。

(1)陈列式花艺绿植。

陈列式是室内绿化装饰最常用的也是最普通的装饰方式,包括点式、线式和片式三种。其中以点式最为常见,即将盆栽植物置于桌面、茶几、柜角等,构成绿色视点。线式和片式是将一组盆栽植物排列成一条线或组织成图案,来联系室内空间,起区分室内空间不同用途的作用,或与家具结合,起到划分范围的作用。几盆或十几盆绿植组成片状摆放,可形成一个花坛,同时可突出植物主题。(见图 5-66)

采用陈列式花艺绿植装饰,应考虑陈列的方式、方法和使用的器皿是否符合装饰要求。传统的素烧盆及陶质釉盆仍然是目前主流的种植器皿。至于近年来出现的表面镀金、镀铜的仿金属容器及各种颜色的玻璃缸等则可与豪华的西式装饰相协调。总之,器具表面装饰要视室

图 5-65　面状分布的绿植区域

图 5-66　陈列式花艺绿植

内环境的色彩和质感及装饰情调而定。

（2）攀附式花艺绿植。

大厅和餐厅等室内区域需要分隔时，可采用带攀附植物或带某种条形图案花纹的隔离栅栏，在攀附植物与攀附材料的形状、色彩等方面要注意协调，以使室内空间分隔合理、协调，而且实用。（见图 5-67）

图 5-67　攀附式花艺绿植

（3）悬垂吊挂式花艺绿植。

在室内较大的空间内，结合天花板、灯具，在窗帘、墙角、家具旁吊放有一定体量的悬垂植物，有利于改善室内人工建筑的生硬线条造成的枯燥单调感，营造生动活泼的空间立体美感，且"占天不占地"，可充分利用空间。选择这种装饰方式要使之与所配材料有机结合，以取得较好的装饰效果。（见图 5-68）

（4）壁挂式花艺绿植。

室内墙壁的绿化美化，也深受人们的欢迎。壁挂式有挂壁悬垂法、嵌壁式和开窗法。预先设置局部凹凸不平的墙面，供放置盆栽植物用，或在墙、地面放置花盆，砌种植槽，然后种上攀附植物，使其沿墙面生长，形成室内局部绿色的空间。也可在墙壁上设立支架，视用地情况放置花盆，以丰富空间。采用这种装饰方法时，应主要考虑植物姿态和色彩。悬垂攀附植物材料常优先采用，其他类型植物材料也常使用。

（5）栽植式花艺绿植。

栽植式花艺绿植装饰方法多用于室内花园、室内大厅与空间充分的场所。栽植时采用自然式，即平面聚散相依，疏密有致，并使乔灌木、草木及地被植物组成层次，注重姿态、色彩的协调搭配，适当注意采用室内观叶植物的色彩来丰富景观画面；同时考虑与相关水景组合成景，模拟大自然的景观，给人以回归大自然的美感。（见图 5-69）

图 5-68　悬垂吊挂式花艺绿植

图 5-69　栽植式花艺绿植

Shinei Zhaoming yu Chenshe Sheji

第六章
不同功能空间陈设
布置方法与技巧

通过对不同功能空间陈设布置的范围、特点和典型案例进行分析,帮助学生梳理室内陈设和室内空间的相互关系,使学生掌握各空间陈设布置的方法和技巧,并具备陈设品选择和布局规划的能力,进而在兼顾实用性和装饰性的基础上,创造更符合人的生理和心理需求的优化空间。

使学生明确各空间室内陈设的功能性需求,能有针对性地完善各空间环境的布局和形式;明确各空间室内陈设的装饰性需求,能在保证实用性的基础上营造良好的室内空间的陈设氛围,并突出文化气息、审美意境和个性特点。

地址:澳大利亚墨尔本。

设计公司:Foomann Architects。

年份:2021年。

这个房子位于墨尔本,现住着一家四口人。进入室内,木地板从玄关延伸到客厅及楼梯,隔断和门也选用原木材质,给人亲近自然的感觉。客厅直接通向庭院,如图6-1所示,大面积的落地玻璃窗既能保证室内采光又能把室外的景色引入室内。客厅浅色的地毯与沙发显得十分温暖,卷曲折叠的木质单人椅放在客厅里像一个陈列的艺术品,如图6-2所示。茶几(见图6-3)也同样选择原木色,倒角的圆边可以防止小朋友撞到而受伤。沙发后的背景墙放置了一面镜子,如图6-4所示,通过镜子的反射,空间在视觉上得到延伸和扩大。大叶的绿植也为室内增添了清新的感觉。电视背景墙用木质隔断分隔出三个区域,上方开设天窗,如图6-5所示,这样设计的目的在于修饰原有结构,使其看起来更加和谐。分隔的最右侧是一个陈列区(见图6-6),放置着唱片以及播放器,搭配有个性的陈列品(见图6-7),彰显着屋主的兴趣与爱好。客厅旁是餐厅空间,如图6-8所示,白色的圆桌周边放着四把椅子,刚好满足一家四口日常用餐要求。旁边用一幅艺术抽象画装饰墙面(见图6-9),挂画旁边安设一个白色壁灯,将灯移动到餐桌上方可为夜晚用餐时提供照明。开放

图6-1　客厅直接通向庭院

续图 6-1

图 6-2　客厅陈设

式厨房(见图 6-10)在木饰面之外还加入了白色瓷砖,整体氛围更加小清新。岛台的白色饰面和木色桌底搭配上圆形倒角的座椅,自然感油然而生。厨房的操作台也同样选择白色的饰面,橱柜的柜门则是木质,从上方天窗透进来的自然光,使厨房区域明亮通透。

图 6-3　茶几

图 6-4　沙发后的镜子

图 6-5　电视背景墙

图 6-6　电视背景墙分隔的最右侧的陈列区

图 6-7　有个性的陈列品

图 6-8　餐厅

图 6-9　艺术抽象画装饰墙面

图 6-10　开放式厨房

续图 6-10

　　家对于大多数人来说,是温暖的港湾,也是心灵与情感的栖息地。家的空间通常由很多个功能区来构成,包括玄关、客厅、厨房、餐厅、卧室、书房和卫生间等,需要通过设计建立生活的秩序,每个空间又因为面积和使用功能的不同,选择装饰方法时更需要区别对待。

第一节
玄　关

　　玄关属进出频繁的空间,是进门第一眼看到的地方,也是通往室内的过渡空间,因此,它通常不会太大,但其格局十分重要,常布置具有收纳功能的组合柜来存放鞋子、临时衣物和包包,如图 6-11 所示,还可布置能阻挡视线且具有良好透光性的软隔断来丰富空间层次,进一步实现功能的完善和空间的通透性,如图 6-12 所示。如果玄关处有桌柜或几案,如图 6-13 所示,可结合地毯、装饰画和艺术雕塑等进行布置,一方面能反映屋主的喜好,另一方面有较好的装饰作用,能产生让人眼前一亮的效果。玄关色彩和造型往往需要根据室内整体风格来确定。

　　另外,玄关处常配备换鞋凳和穿衣镜以保证实用性。

图 6-11　玄关处的组合柜

图 6-12　玄关处布置具有透光性的软隔断

图 6-13　玄关处有桌柜的设计

第二节
客　厅

　　客厅作为整个家的空间的中心,在空间面积的分配上通常是占优势的,一般具有交谈、娱乐、阅读和休息的功能。客厅中的家具种类较多,既要满足功能性,又要体现屋主的个性,既使用舒适、便于沟通又具备空间层次。常用的家具有沙发、茶几、边桌、斗柜、电视柜和收纳柜等,需要根据客厅的面积来具体选择家具的数量和组合形式。如面积较大的客厅可以选择尺寸稍大的家具,种类和数量也可适当丰富一些,避免造成室内空荡的感觉,而面积较小的客厅则应该选择轻巧且有细节的家具,避免行走不便而产生一种拥挤感。(见图 6-14)

图 6-14　客厅陈设

　　沙发是客厅的核心家具,是一家人放松休闲、喝茶聊天的好地方。沙发的摆放能快速组织客厅空间的形态,常见的摆放形式有突出宾主关系的 U 形摆法(见图 6-15),节省空间形态的 L 形摆法,以及在较小空间中的一字形摆法(见图 6-16)。沙发靠墙摆放时宽度最好占墙面的 1/2 或 1/3,沙发两旁最好各留出不小于 50 cm 的宽度来摆放边桌或斗柜,沙发前的茶几高度通常在 40 cm 左右,桌面以略高于沙发的坐垫为宜,一般不超过沙发扶手。若沙发的色彩较单一,可配些颜色亮丽或有图案的靠垫来调节整体色调,如图 6-17所示。

图 6-15　沙发的 U 形摆法

图 6-16　沙发的一字形摆法

　　在不违背空间整体风格的前提下,通过其他配饰来表现个性是最好的方式。常用的配饰有装饰画、窗帘、地毯和摆件等,从简单到繁杂,从整体到局部,它们都能在无形中营造温馨或个性的家居氛围。

　　装饰画一般布置在沙发墙上,是客厅的点睛之笔,大客厅可选择大尺寸的装饰画,小客厅则可选择小尺寸的组合画。装饰画能以其具体的色彩、线条和形体来引导人的视觉感受,能把空间点缀得更富情趣。(见图 6-18)

图 6-17 用彩色靠垫来调节整体色调

图 6-18 利用装饰画营造氛围

如果日照较强,窗帘可选择防晒效果好的类型,内部还可配上纱帘;如果想要追求华丽的效果,适合选择丝绒、提花和绸缎等面料;如果追求温馨感,则可选择棉麻和朴实的混纺布料。(见图 6-19)

图 6-19　利用窗帘营造氛围

地毯的色彩和图案可以根据客厅的面积来选择。若精心挑选的地毯具有较醒目的色彩和图案,可用来界定区域,也可成为空间的视觉焦点。比较紧凑的客厅,一般选择跳跃式花纹的地毯来转移视线,如果能在色彩上和沙发、窗帘、靠枕等有些呼应,会让人觉得更舒适。(见图 6-20 和图 6-21)

图 6-20　利用地毯营造氛围

图 6-21　地毯与周围环境呼应

选择摆件时,可根据客厅的承载面积来选择,更要遵循空间的整体风格和细节规律。电视柜上摆放高低错落的摆件能增加层次感,如图 6-22 所示;茶几上摆放花器、茶具等既有实用性又具装饰性,如图 6-23 所示;边几放上与沙发风格相统一的台灯和杂志,简单又温馨,如图 6-24 所示。摆件的每一个细小的差别都能折射出屋主不同的人生观和修养、品位,且精则宜人,杂则繁乱。

图 6-22　电视柜摆件

图 6-23　茶几摆件

图 6-24　边几摆件

第三节
厨房与餐厅

　　厨房是供我们进行炊事活动(常用用具如图 6-25 所示)的空间,从烹饪前的准备,到饭菜上桌,主要有取菜、择菜、洗菜、切菜、摆菜和炒菜这些工序,对应的厨房设备就是冰箱、水槽、台面和炉灶这四个部分,如图 6-26 所示。人在整个流程中的运动路线就形成了我们常说的厨房动线。厨房设计中要合理利用每一寸空间,让更多厨房家电都有可以安放的位置,注意吊柜、吊架的设置,橱柜下面的部分可以储存瓶罐和米、油等,操作台的延伸部分可以存放调味品和餐具等。因为在准备、清洗和烹饪的过程中会花费很多的时间在厨房,对于厨房的软装设计,必须把握实用兼具美观的原则。为避免出现风格上的断层,外观和使用功能兼具的厨房家电要依据餐厅的风格配置,编织的杯垫、透明的玻璃罐子、金色边线的水果盘、精致的台面插花,这些细节上的装饰,都能带给人们温馨舒适的生活感受。(见图 6-27 和图 6-28)

图 6-25　炊事活动常用用具

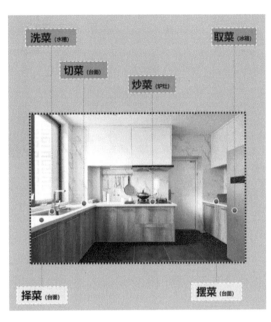

图 6-26　炊事活动对应的厨房设备

图 6-27　厨房的空间利用

图 6-28　厨房的细节装饰

　　厨房的整体色彩多以木材质的米色、棕色为主，如图 6-29 所示，无论配搭何种风格，都能较好融合，也便于搭配瓷砖和地砖，只要选择柔和的过渡色，就会让空间看起来更有层次感，视觉上也会更加舒适。现代厨房，如果空间许可，还应该备有烹饪操作区、岛台使用区，以方便制作冷拼等。这样的设计很有包容性。小空间则可选择具有嵌台功能的橱柜，从橱柜插接出来的小桌台既可以当作岛台处理冷拼，又可临时当作简餐台。

图 6-29　厨房的整体色彩

　　餐厅是人们就餐的场所，既要美观又要实用，因此家具的款式、色彩和质地等细节都需要精心选择，不可随意。除了餐桌和餐椅外，还要有用于储物的酒柜或者餐边柜（见图 6-30），如果空间有限，可以利用墙体的立面空间来打造收纳空间（见图 6-31），在款式和材质的选择上，要尽量和整体环境的格调一致。此外还应注意的是，与厨房连接的餐厅软装应注意与厨房内的设施相协调，与客厅连接的餐厅软装应注意与客厅的格调相统一。

图 6-30　餐边柜

图 6-31　利用墙体的立面空间收纳

　　常用的餐厅软装布置有餐具、装饰画、靠垫、窗帘、落地绿植和台面花艺等，这些都能使空间形态变得生动起来，要注意的是，在色调上得与空间整体保持一致或相互对比。

　　餐具是就餐时的必需品，不同类型的餐具能在就餐时营造出不同的氛围。常用餐具从功能上可分为碗、杯、盘、碟和壶等，选择一套美观且讲究的组合餐具或酒具，再搭配一些精致的餐垫，不仅能丰富桌面的装饰层次，还能从细节上体现出屋主的品位、爱好和生活状态。（见图 6-32）

　　选择装饰画时，应根据空间大小以及装饰画所在墙面的面积选择尺寸适中的装饰画，可选色调清新柔和且画面干净的类型，也可选择与墙面差距略大一些的来增加空间跳跃感，风景、人物皆可。（见图 6-33）

　　在餐厅中适当布置花卉和植物，能起到调节心理、促进食欲和提升空间氛围的作用。常用的餐厅花卉和植物陈设有台面插花、落地绿植和墙面垂吊类。在餐桌上摆放花卉绿植时应注意保证无虫且无刺激性气味，在餐桌外围摆放的花卉绿植应注意不要太过鲜艳。另外要注意选择适合餐厅整体风格的花器。（见图6-34 和图 6-35）

图 6-32　餐厅的餐具

图 6-33　餐厅的装饰画

图 6-34　餐厅的台面花艺

图 6-35　餐厅摆放的花卉

第四节
卧　室

卧室是家里房间中较为私密的地方,家具的布置应在实现安静休憩这一主要功能的同时兼具一部分的存储和收纳功能。卧室常布置的家具主要有床、床头柜、床尾凳、梳妆台、衣柜和躺椅等,如图 6-36 所示,若空间足够,往往会布置独立的衣帽间。在卧室装饰中的主体应该是床,空间的装修风格、布局、色彩和软装,

都可以以床为中心而展开。在确定床的位置及方向时要注意,床头不要靠着门或者直接对着门,因为这样容易让卧室在门外就一览无余,没有安全感的同时还影响休息,但若空间较为特殊,确实无法避免床与房门相对,则可选择合适的屏风或组合柜体来进行隔断,这样除了保证功能性之外也具有较好的装饰性,如图6-37所示。其他家具的摆放取决于门和窗的具体位置。通常情况下,床头柜、衣柜或收纳柜都布置在床的一侧,梳妆台的摆放则可灵活一些。有的卧室在功能上需求较多,还可考虑安排书桌(见图6-38)。卧室设计宗旨为,布置完成后能形成顺畅的室内动线,整体氛围呈现柔和舒适。(见图6-39)

图 6-36　卧室常布置的家具

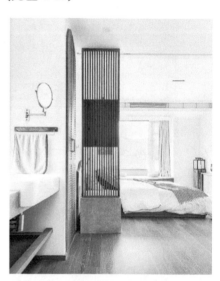

图 6-37　利用屏风进行隔断

图 6-38　卧室内安排书桌

图 6-39　卧室陈设布置

　　卧室软装搭配时,要遵循简约不简单、宁缺毋滥的原则,无论选择哪些色彩都不得掺杂多余色,除必要外露的陈设品外,能简化和收纳的一般都不要过多地展现出来。

　　卧室是供人们休息、睡眠的空间,在布置满足基本睡眠需要的床品的基础上,可选择与空间色调和风格相搭配的靠垫来装饰床面,但因床的体量有限,所以靠垫数量也不宜过多,以免看起来拥挤杂乱。(见图6-40)

　　常用的卧室窗帘材质有丝质、薄纱、纯棉和遮光布等,在选择时应考虑白天采光和夜晚遮光的双重需求,即双层配置,例如采用植绒棉麻等材料。在色调和款式上依旧要和卧室的整体风格和色调保持一致。
(见图 6-41)

图 6-40　用靠垫装饰卧室

图 6-41　卧室窗帘的选择

卧室铺上地毯，可以从视觉上将床面过渡到地面，给人以温暖柔软的感觉。卧室地毯的大小应根据空间的尺度来选择，如果地毯是圆形或者不规则的形状可以放在床尾或床的一侧，如果是长条形适合放在床尾。常见的地毯花纹、样式也较丰富，有几何图案、条纹和抽象图案的以及人造皮毛、手工编织的等，它们都能和空间色调较好地搭配。（见图 6-42）

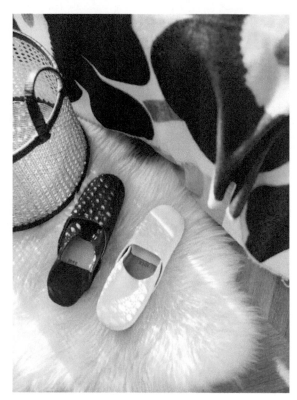

图 6-42　卧室的地毯

卧室要选择柔和的暖色光来营造温馨安静的休息环境。卧室常用的灯具种类有吊灯、壁灯、台灯、落地灯等，材质常用布艺、水晶、铁艺、树脂和玻璃等，因安装位置不同，选择时应根据空间整体风格和色彩来进行搭配。（见图 6-43）

图 6-43　卧室的灯具

　　卧室装饰画可选择体现空间静谧和促进睡眠为主的类型，人物、花卉或者抽象画都可以。要注意的是，颜色不宜过于丰富，也不宜选择内容较怪异的，以免影响休息质量。因床是空间主体，所以装饰画还可结合床体造型来选择。结构简洁的板式床可搭配有现代质感的装饰画框；结构厚重的软床可搭配冷硬质感的装饰画框，以形成较好的视觉效果。（见图 6-44）

图 6-44　卧室的装饰画

续图 6-44

第五节
书　房

　　书房既是家居生活环境的一部分又是办公场所的延伸，是方便人们在家里读书、学习和临时工作的场所。可根据屋主的需要配置基本的书桌、座椅、书架、书柜（见图 6-45）和沙发等，较注重明净、简洁和精致。书房的位置通常会选择在整个家庭空间中较为安静的区域，而主体家具——书桌的摆放位置与窗户的位置又有直接的关系，在充分利用自然光的前提下，既要保证光线充足又要避免直射。具体来说，当我们坐在书桌前时，自然光应是从左边或正前方来的，要尽量避免右边光源和逆向光源。若房间较大、空间足够，则可将书桌摆放在书房的中间，其他家具再进行围合摆放。（见图 6-46）

图 6-45　书柜　　　　　　　　　　　图 6-46　书桌的摆放位置

书房陈列的软装饰品,既要考虑到实用性,又要考虑到美观性,让人在享受便捷的同时得到精神的慰藉。为保证人在学习和工作时能集中精力,书房整体软装饰品的色彩不要太杂乱。常配备的功能饰品有电脑、台灯、笔筒、书靠和时钟等,常配备的装饰饰品有艺术收藏品、挂画、绿植、相框和烛台等,所有饰品的选择要有一定的关联性,才能使整个空间看起来整体和谐统一。

想要营造现代中式的氛围,书房的软装饰品选择首先考虑传统的摆件,如文房四宝、字画、瓷器、茶座、盆景和其他带有中式元素的装饰摆件,这些都能体现中国传统文化的独特魅力,注意,在选择时材质和颜色都不宜过多,摆放时不能过多留白,也不能过度拥挤,相互之间还需有一定的呼应性。(见图6-47)

想要营造简洁明净的氛围,在选择软装饰品时就宜少不宜多。实用且同样色系的艺术品,在组合陈列上进行有机搭配,再加上灯具产生的光影效果,就有了一种温暖且柔和的意境美。(见图6-48)

图 6-47　书房的软装饰品(现代中式)　　　图 6-48　书房的软装饰品(简洁明净)

想要营造休闲淡雅的氛围,在软装饰品的数量上就宜多不宜少,用功能饰品和装饰饰品构建出不同的层次和对比来,比如用垂挂的植物搭配精致的桌面,用小盆景搭配小烛台或半高台灯。(见图6-49)

图 6-49　书房的软装饰品(休闲淡雅)

第六节
卫 生 间

卫生间的使用一般来说不会让人停留太久,因此在设计实践中较容易被忽略。其实卫生间是需要经常性出入的,设计内容对于提升家居档次能起到较好的作用,布置是否科学、是否合理也都会直接影响屋主的生活质量,是家庭设计中非常重要的一部分。

如果空间允许,尽可能将卫生间做区域分离,即分出两个不同的空间,将淋浴间或者浴缸部分隔开,以避免洗澡时把地板弄湿,另一个区域则可放置面盆和护肤品。如果空间有限,做不到区域分离,也要做好基本的干湿分离,像安装长虹玻璃隔断门,就可以更好地保护浴室里的其他设施,如小型木质家具和智能马桶。另外,如果放不下常规尺寸的大浴缸,可改为放坐式浴缸,少占空间又可兼具淋浴和泡澡功能。(见图6-50)

图 6-50　卫生间的区域分离

卫生间里墙面的空间很多,利用内陷的墙体做壁龛也是在不浪费空间的基础上增加收纳空间的好方法。一层层单独的展示分格,可用来收纳一些浴室的常用小物件,同时起到较好的装饰作用。要注意的是,在非承重墙上才能做,且墙体厚度一般要超过 30 cm。(见图6-51)

如果需要规划出可存储物品的浴柜,可考虑将传统的落地式浴柜改为壁挂式浴柜。相比传统落地式浴柜,壁挂式浴柜与地面保持了足够的距离,防潮且打扫卫生更方便,下面空出的位置还可放置其他物品。(见图6-52)

图 6-51　卫生间里利用墙体增加收纳空间

图 6-52　浴柜

　　卫生间的软装饰品选择主要以方便安全且易于清洗和美观为宗旨,设计风格可不拘泥于任何形式,秉承沉稳和自然的基调,可借助灯光、镜子、置物架、绿植、香薰等,营造轻松和舒适的氛围,如面盆上方安装镜面(见图 6-53),能够在视觉上增加卫生间的面积,大大提升空间的可视化;摆放好看的绿植(见图 6-54),美观的同时还能净化空气;摆上一些有自然色彩和质地的摆件,能达到点睛的效果,再配以精致的窗帘造型,使沐浴等变成一种美的享受。

图 6-53　面盆上方安装镜面

图 6-54　卫生间里摆放绿植